U0236676

天工开物丛书

经纬锦绣
——中国古代丝绸纺织术

赵丰　徐铮／著

文物出版社

图书在版编目（CIP）数据

经纬锦绣：中国古代丝绸纺织术 / 赵丰, 徐铮著.
-- 北京：文物出版社, 2017.9
（天工开物 / 王仁湘主编）
ISBN 978-7-5010-5184-7

Ⅰ.①经… Ⅱ.①赵… ②徐… Ⅲ.①丝绸—丝织工
艺—中国—古代 Ⅳ.①TS145.3-092

中国版本图书馆CIP数据核字(2017)第177674号

经纬锦绣
——中国古代丝绸纺织术

主　编：王仁湘
著　者：赵　丰　徐　铮
责任编辑：曲　靖
特约编辑：张征雁
装帧设计：李　红
责任印制：张　丽
出版发行：文物出版社
社　址：北京市东直门内北小街2号楼
邮　编：100007
网　址：http://www.wenwu.com
邮　箱：web@wenwu.com
经　销：新华书店
制版印刷：北京图文天地制版印刷有限公司
开　本：889×1194　1/32
印　张：5.125
版　次：2017年9月第1版
印　次：2017年9月第1次印刷
书　号：ISBN 978-7-5010-5184-7
定　价：55.00元

天 工　开 物

天工人巧开万物（代序）

天之下，地之上，世间万事万物，错杂纷繁，天造地设，更有人为。

事物都有来由与去向，一事一物的来龙去脉，要探究明白并不容易，而对于万事万物，我们能够知晓的又能有多少？

"天覆地载，物数号万，而事亦因之，曲成而不遗，岂人力也哉？事物而既万矣，必待口授目成而后识之，其与几何？"这是明代宋应星在《天工开物》序言中的慨叹，上天之下，大地之上，物以万数，事亦万数，万事万物，若是口传眼观认知，那能知晓多少呢？

知之不多，又想多知多识，实践与阅读是两个最好的通道。我们仿宋应星的书义，又借用他的书名，编写出版这套"天工开物"丛书，其用意正在于开出其中的一个通道，让万事万物逐渐汇入你我他的脑海。

宋应星将他的书名之为《天工开物》，书名分别来自《尚书·皋陶谟》"天工人其代之"及《易·系辞》"开物成务"。《天工开物》被认为是世界上第一部关于农业和手工业生产的综合性著作，是中国古代的一部科学技术著作，国外学者称之为"中国17世纪的工艺百科全书"。以一人之力述万事万物，其中的艰辛可想而知。当初宋应星还撰有"观象""乐律"两卷，因道理精深，自量力不能胜，所以不得已在印刷时删去。万事万物，须得万人千人探究才有通晓的可能，知识才有不断提升的可能。

天工开物，是借天之工，开成万物，创造万物，如《易·系辞》所言，谓之"曲成万物"，即唐孔颖达所说的"成就万物"，亦即宋应星说的"人巧造成异物"。

认知天地自然，知万物再造万物。是巧思为岁月增添缤纷色彩，是神工为世界改变模样。每个时代都拥有它的尖端技术，这些技术不断提升变革，就有了现代的超越，有了现代化。这样的现代化也不会止步，还要走向未来。

科学技术是时代前进的杠杆，巧匠能工是品质生活的宗师。在我们这个古老的国度，曾经有过许多的发明与创造，在天文学、地理学、数学、物理学、化学、生物学和医学上都有许多发现、发明与创造。

我们有指南针、火药、造纸和印刷术四大发明，还有十进位制、赤道坐标系、瓷器、丝绸、二十四节气等重大发明。古代的发明与创造，随着历史的脚步慢慢远去，是不断面世的古代文物让我们淡忘的记忆又渐渐清晰起来。这些历史文物，这些古代的中国制造，是我们认知历史的一个个窗口。

对一个历史时代的认识，最便利的入口可能就是一件器具，一种工艺，甚至是某种图形或某种味道。让我们一起由这样的入口认知历史文化，领略古人匠心，追溯万物源流，这也是一件很快乐且有意义的事情吧。

2017年9月

目录

导言

　　无论是哪个国家或是哪个民族，只要提起丝绸，就必定会想起东方丝国，只要提起中国，就会想起那美丽的丝绸和通往中国的丝绸之路。丝绸是中国古代最为重要的发明创造之一，在走过的五千年历程中，她与中国社会的方方面面都密不可分。因此在世人眼里，丝绸已成为中国文明重要特质之一。

　　丝绸来自蚕桑，蚕桑丝绸的起源在本质上是一项科学技术的创造发明。先人们栽桑养蚕，蚕吐丝结茧，巧织经纬将其织成锦绮，还用印花刺绣让虚幻仙境和真实自然在织物上体现。在这一过程中，就有着无数项创造发明。例如把野桑蚕驯化成为家蚕，是生物学史上一项极难的成果，人类驯化的昆虫至今只有家蚕和蜜蜂两种。用脚踏板作为一种机构的动力并控制缫丝机和素织机的操作也被著名的科学技术史专家李约瑟视为中国的创造发明，对机构史产生了很大的影响。丝织中最为巧妙和重要的是在提花机装载了专门的花本来控制织物图案，这直接启蒙了早期电报和计算机的编程设计。此外，丝绸也对我国四大发明中的造纸术和印刷术产生过非常直接的影响，丝绵的生产过程中产生了最初原始的纸，而汉代的雕版印花技术是最早的彩色套印技术。丝绸技术对中国传统的数学、物理、化学、生物等各个领域也有过很大的贡献。

丝绸在古代是一种贵重的生活必须品，是上流社会衣食住行中最为重要的部分之一，古代曾用它作为百姓纳税的货物。丝绸是一种商品，它不仅可以流通于市场，曾作为中国的主要出口物资输出到世界各地，而且也曾作为货币，在一段时间内充当丝绸之路上的硬通货使用。丝绸本身也是一种艺术，她的图案、色彩以及服装和室内陈设都为东西方艺术界所推崇，同时还具备宗教和礼仪的象征意义。因此，了解丝绸，是了解中国的重要途径。

丝绸是中国之珍，东方之宝。它为中国文明写下了灿烂的一页，更为世界文化贡献了辉煌的篇章。正是丝绸搭起了连接中国和欧洲的金桥，丝绸之路成为中外文化交流的大道。

第一章

蚕与丝

第一章

蚕与丝

　　唐代大诗人李商隐有千古名句："春蚕到死丝方尽，蜡炬成灰泪始干。"现在人们常用"春蚕"来比喻为理想和事业而奋斗终身，歌咏一种牺牲自己造福人类的高尚人格和情操。但从生物学观点来看，当春蚕把丝吐尽之时，它并没有死去，只是走完了生命史中的幼虫阶段，为变作蚕蛹而准备。桑蚕是一种完全变态的昆虫，在它短短的一生中要经过卵、幼虫、蛹和蛾四个形态完全不同的发育阶段（图1）。那么，桑蚕各阶段的具体形态是怎样的呢？它吃些什么，又是怎样一点点长大的？那些亮晶晶的蚕丝又是什么呢？

一 一生四变

作为完全变态的一种昆虫，蚕的一生十分短暂，前后大概只有 40 ~ 60 天的时间，却经历了卵、幼虫、蛹、蛾（成虫）四个不同的发育阶段，并在不断的变态中代代相传。

蚕卵是蚕最初的生命形态，它十分细小，大约 1700 ~ 2000 粒蚕卵才有 1 克重。刚生出来的时候，蚕卵是淡黄色的，样子看上去很像细粒芝麻，呈略显扁平的椭圆形，长度大概在 1.2 ~ 1.3 毫米左右。经过 1 ~ 2 天的时间，蚕卵变为淡赤豆色，再经过 3 ~ 4 天，又变成灰绿色或紫黑色，然后卵的颜色不再发生变化，称为固定色。在最适宜孵化的室温下，发育成熟的幼虫开始咬破卵壳，先露出头，而后爬出卵壳，卵壳空了之后变成白色或淡黄色。刚从卵中孵化出来的幼蚕，小小黑黑的，要用放大镜才能看得清楚，它的身上长满细毛，样子看上去很像蚂蚁，所以我们称之为蚁蚕。

蚁蚕在出生后不久就会吃桑叶了，它吃得多长得也快，身体的颜色也慢慢变浅，但是每隔一段时间，蚕宝宝就会出现食欲不振甚至什么也不吃的症状，还从嘴巴里吐出一些丝来把自己固定在蚕座上，头胸部昂起，不再运动，好像睡着了一样，我们把这种现象叫作"眠"。那它在干什么呢？原来这时候蚕外表看来静止不动，体内却为蜕皮进行着准备工作，这是因为蚕的表皮主要是由蜡质层和几丁质层构成的，不能随着蚕的生长而变大，因此蚕每一眠都会蜕去旧皮，换上新衣。

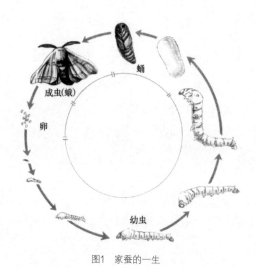

图1　家蚕的一生

脱去旧皮之后，蚕的生长就进入到一个新的龄期，一般来说，蚁蚕经过四次蜕皮，成为五龄蚕后就可以结茧。这时，我们就可以看清蚕的构造了，它主要由长有口及六对单眼的头部、长着三对尾端尖突的胸足的胸部（3节）和有四对圆形肉质的腹足和一对尾足的胸腹（10节）三部分构成，另外在蚕的侧面还有九对黑色的气门（图2）。

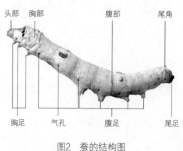

图2　蚕的结构图

到了五龄末期，蚕宝宝已经完全长大了，开始表现出一些老熟的特征：先是排出的粪便由硬变软，颜色也由墨绿色变成叶绿色；慢慢的它又开始不爱吃东西了，胸腹部也都开始变成透明色，嘴里开始吐出一些丝缕，还把脑袋高高的昂起，左右上下摆动，想要找一个合适的场所准备结茧。于是，人们把它们放到了特殊的容器或者稻草簇上，神奇的吐丝结茧就开始了。它是先在容器或簇周围吐丝，形成用来固定茧的位置的支架，然后以 S 形方式吐丝，形成茧的轮廓，这个过程叫做结茧衣。这时蚕开始把自己的身体向后弯曲成"C"字形，用 ∞ 形的方式吐丝，最后，蚕头胸部的摆动速度减慢，吐丝开始显得凌乱，形

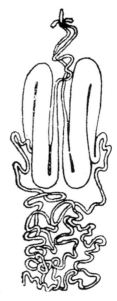

图3　绢丝腺

成松散柔软的茧丝层，称为蛹衬。这些丝主要成分为氨基酸，以液体的形式储存在蚕身体中的两条绢丝腺中(图3)，腺体在口部会合成一条，形成吐丝口，因此我们在显微镜下观察可以发现茧丝是由两根平行的单丝粘合而成的。

　　蚕在结茧后，经过一段时间的生长发育就会变成蛹，蛹分为头、胸、腹三个部分，看上去有点像一个纺锤。它的头部不大，上面却长着六对复眼和触角，在胸部还长有胸足和翅。在很早以前，我们的祖先曾认为蚕是没有雌雄之分的，但其实我们从蛹上就能够清楚看到蚕的性

触须
头部
胸部
翅膀
腹部

图4　蛾的结构图

别特征：雌蛹的腹部比较大，尾部有一道"X"状的线缝，而雄蛹的腹部则比较小，尾部有一个褐色小点。

从结茧开始计算，大概过 10～15 天的时间后，蛹就在茧里羽化成蛾。为了从这个密闭的空间里钻出来，它从嘴里分泌出一种碱性的液体，把蚕茧的一端弄的湿湿的，然后从这里把茧顶破。蛾在破茧而出的时候，常常是先把自己的头伸出来，然后再用脚的力量向前推，露出胸、腹部，接着整只蛾爬出茧，这个时候它的翅膀还是湿皱的，大概要过一个小时翅膀才会变硬。蚕蛾（图4）是蚕的成虫期，形状有点像蝴蝶，分为头、胸、腹三个部分，全身披着白色鳞毛，头部有一对梳子状的触角，雄蛾的身体小触角大，而雌蛾正好相反，身体大触角小。

为了尽早的繁衍下一代，这些钻出茧壳不久的蛾就要开始寻找自己合适的伴侣了，雄蛾利用触角嗅出由雌蛾尾部发出的气味，然后进行交尾，交尾后不久雄蛾就死了，而雌蛾则继续繁衍下一代的任务——产卵。雌蛾在产卵时是不休息的，它经常把自己的孩子生在自己的茧壳附近,一两个晚上就可产下约 500 个卵,在产卵之后雌蛾也不再进食,然后慢慢地死去,只给卵的外面留下一层浆糊状的物质,使它即不会滚动,也不会掉落。

然后这些卵开始发育,重新经历一遍父母所经历过的生命历程,开始一个新的生命循环,这就是蚕的生活史。

二 蚕的食粮

桑叶是家蚕的主食,我们的祖先最早利用野生桑来养蚕,从商周时期开始,人们开始人工栽培桑树,并且达到了一定的规模。在 3000 多年前的商代甲骨文中就已经出现了"桑"字,可见它被先民们认识和利用的历史之久,和中国文化联系之密。那么就让我们来认识一下这种蚕的粮食吧。

桑树是一种多年生木本植物,属于落叶乔木树种,由根、茎、叶、花、果等几个部分构成,我国各地野生的桑树有鲁桑、白桑、广东桑、瑞穗桑、黑桑、山桑、鸡桑、川桑等十几个品种。经过历代的良种选汰和培育,形成了以鲁桑、白桑和山桑为主的三个栽培桑的系统,上千个不同的品种。比如江浙一带有湖桑和火桑两个桑品种群,湖桑一般枝条粗长,叶形大,硬化迟,适应性强,多数属中生和晚生品种。火桑有红皮火桑和白皮火桑,其新梢嫩叶呈紫红色,叶片厚,硬化早,能育性差,属于早生品种。四川盆地的川南一带所种植的

图5 蚕的食粮——桑叶

嘉定桑，叶形大，硬化迟，叶稀叶质好，属于中生品种。桑树栽培的地区分布主要跟随养蚕生产的发展而展开，17世纪时，由于对外贸易的迅速发展和丝绸业的南移，形成了江苏、浙江、四川和广东四大主要栽培区。（图5）

　　桑树繁殖的方法有好多种，其中最古老的是播种法，把桑树的种子播到地里，等它发芽后再移栽，这是一种有性繁殖的方法。用这种方法培育而成的桑苗叫实生苗，长大后的桑树称为实生桑，它生命力较强，根系发达，耐旱耐瘠，因此对环境条件的适应能力比无性繁殖的苗木强。但绝大多数的实生桑叶形小，叶肉薄，所以它的桑苗大多作为嫁接用的砧木，少量用于直接定植，培育成乔木桑。后来在生产实践中人们又发展出扦插、压条、嫁接等培育方法，这些方法有的直接把桑条剪下来插在土里，有的把桑条压到土里，等它生根后再剪断与母树的联系，有的则是把桑条嫁接到别的桑根上得到一个新的品种。这种从母体上取下某些器官使它延续生长发育成独立个体的方法，有点类似时下流行的"克隆"，被称为无性繁殖。用这种方法繁殖出来的桑树叶大肉厚，所以被绝大部分蚕区所采用。

桑树的栽培要点很多，主要是过伐条、疏芽、整枝、摘芯等剪伐技术，培养成不同树型，称为养成阶段。桑树的树型主要有高大的乔木桑和低矮的地桑两种，为了方便采摘桑叶，人们在商周时期就开始人工栽培树身较矮的桑树，这种桑树不仅人站在地上就可以采摘，而且叶多、肥厚、营养价值高。采叶的方法有三种：摘叶法在小蚕或夏、秋蚕期应用；采芽法在春蚕大蚕期应用；剪条法是连条带叶剪取条桑，直接饲蚕。秋末冬初，通过剪梢（剪去枝条梢部），能减少桑树冻害，提高发芽率和春叶产量。桑叶采下来后，还不能马上喂给蚕宝宝吃，需要经过适当整理，拿掉不良的桑叶，并根据蚕的不同年龄段给它们切成不同形状的桑叶。

三 纤维皇后

吐丝结茧是蚕为了适应环境生存而产生的一种生物本能，它使蚕不仅可以在茧壳的保护下安全地发育成蛹和蛾，而且也可以排除身体成熟后体内堆积过量的氨基酸，以免中毒而死。很早以前，我们聪明勤劳的祖先就懂得了利用这种熟蚕在结茧时分泌丝液凝固形成的连续长纤维，使蚕丝与羊毛一样，成为人类最早利用的动物纤维之一，并因为它得天独厚的优点被世人誉为"纤维皇后"。

在我们长期以来的生产中，利用最广的一种蚕丝纤维是由以桑叶为主要食物的蚕吐的丝，我们把它叫做"桑蚕丝"。一般说来，一条健康成熟的蚕所吐的丝长度大约在 800 ~ 1000 米之间，由于古代的茧一般比现代要小很多，因此丝的长度也会有所减少。一根蚕丝纤维由两根丝素外包丝胶组成，横截面呈三角形或半椭圆形。蚕丝是一种天然的蛋白质长纤维，主要由丝胶和丝素两部分组成，一般丝素占到 72% ~ 81%，丝胶占 19% ~ 28%。丝胶和丝素的主要成分是蛋白质，各种氨基酸的含量约占 90% 以上，其中丝胶主要以水溶性较好的球状蛋白质构成，将蚕丝溶解于热水中脱胶精练，就是利用了丝胶的这一特性。

由单个蚕茧抽得的丝条被称为"茧丝"，而事实上，用于生产织造的蚕丝是由几个蚕茧的茧丝抽出，并且借丝胶粘合包覆而成的，这种工艺就是我们通常所说的"缫丝"，缫得的丝线叫做"生丝"，再经过精练脱胶工序就叫做"熟丝"。清代晚期，机器缫丝业开始进入我国，为了区别，人们通常把用机器缫制的丝称为厂丝，以传统机械和工艺缫制的丝称为土丝。对于生丝的生产规格，历代以来，特别是皇家作坊都有一些严格规定，元代官方的农桑教科书《农桑辑要》中规定缫丝时要将茧丝"约十五丝之上，总为一处，穿过钱眼"，即一根生丝要由 15 粒茧的茧丝缫成，清代则以五六个或七八个茧缫成的丝为上品，这和今天机器缫丝的规格也大致相同。

除了利用桑蚕丝外，中国自古以来就根据自然界的资源，利用柞蚕、天蚕、樟蚕等各种野蚕的茧丝，并一直延续到现在。这些野蚕丝的组成与桑蚕丝基本相同，只在某些细微结构上有所不同，比如它们的横截面与桑蚕丝相比更为扁平。在这些野蚕丝中又以柞蚕丝的使用最广，用这种丝织成的柞绸，绸面粗犷、挺括、具有自然疙瘩花纹，产地主要是中国北方的山东、辽宁等省，在国际上享有盛名。具有天然色彩的天蚕丝则是最为珍贵的一种，主要有深绿、浅绿、金黄等色，以绿色最为著名，被称为纤维界的"绿宝石"，但是产量极低，仅于桑蚕丝织品中加入部分，作为点缀。

四 嫘祖与马头娘

丝绸是中国古代文明的重要特征之一，那么它是如何起源的呢？在中国古代有着很多关于丝绸起源的美丽传说，西陵氏嫘祖、马头娘娘、马鸣王菩萨……这些都是被民间当成蚕业始祖祭祀崇拜的蚕神，种类五花八门，历史悠久。近代以来的考古发现，从科学上证明了中国丝绸的悠久历史，或许，中国丝绸就是诞生在早期天人合一的文化背景上的。

西陵是远古时代四川地区的一个部落，这个部落的首领有一个

图6　嫘祖像

美丽的女儿，名叫嫘祖（图6），她长大后嫁给了中华人文的始祖——黄帝，并生了两个名叫玄嚣和昌意的儿子，汉代史学家司马迁在《史记·五帝本纪》中记载的"黄帝居轩辕之丘而娶西陵氏之女"，讲的就是这位黄帝的元妃。

　　传说当时的西陵一带是一片浓郁的桑林，人们还不会织布、做衣，夏天在身上缠上树叶，冬天就披着兽皮。嫘祖为了让人们穿得更好，开始用草皮，继而用树皮捻线，后来发现桑树上的野生蚕吐丝又细又结实，便开始在家养蚕。她把蚕茧煮熟后穿在木棍上，用手撕着捻线，所以人们把这种线叫作丝（撕）线。后来她受到蜘蛛网的启发，把蚕丝织成绸，又从河里的梭鱼那里得到启示，做成缠丝的工具——梭子。接着，嫘祖把这种种桑养蚕、缫丝织绸的方法教给人们，大家终于可以穿上用丝绸做的衣服，结束了以树叶兽皮为衣的时代，蚕丝业也逐渐在中原地区兴盛起来。

后来，人们为了感念嫘祖"养天虫以吐经纶，始衣裳而福万民"的功德，就将她奉为"先蚕"，即蚕丝业的始祖神，民间也尊称她为"蚕神"，或"行神"、"嫘姑"、"丝姑"、"蚕姑娘"等等，受到人们的无限崇拜，甚至在韩国、朝鲜及东南亚的一些国家也有对嫘祖的崇拜和祭祀活动。

而在中国古代，嫘祖始创养蚕织绸的传说则受到皇家和官府的认可，成为官方指定的蚕业始祖。早在北齐、北周时期，京城中开始建有专门的蚕室和先蚕坛，每年春天的时候，皇后都要率领贵妇们用一头牛（太牢）来祭祀西陵氏嫘祖和黄帝，称为"亲蚕"礼（图7）。此后，亲蚕礼成了皇后们的必修功

图7　清　皇后亲蚕图

图8 清 马头娘像

课，皇后们身穿特制的亲蚕服装，不仅要举行一般的祭祀仪式，还要亲手采摘桑叶。亲蚕礼和皇帝的亲耕礼一样，成为劝导臣民进行农耕织绸生产的一项重要活动，受到历代统治者的极大重视。清朝时，乾隆皇帝还曾命令著名的宫廷画师郎世宁、丁观鹏等人画了一幅《皇后亲蚕图》的长卷，用来纪念孝贤皇后富察氏为天下织妇作出的榜样。

与嫘祖的官方性不同，马头娘（图8）是一个在民间流传很广的关于丝绸起源的传说，故事讲的是在太古时代有一户人家，只有父女二人和一匹白马相依为命，有一次父亲出了远门，很久都没有回来。女儿十分思念父亲，一天就对白马开玩笑说："如果你能帮我把父亲找回家，我就嫁给你。"谁知白马听了这话竟然仰天长啸一声，随即挣脱了缰绳，向外飞奔而去，没过几天，就驮着女孩的父亲回到了家中。但从那以后，那匹白马只要一看见女儿就高兴地嘶叫跳跃，父亲发觉后，便悄悄地盘问女儿，才知道她当初许过的诺言。人与畜生怎么能够婚配？父亲一怒之下将白马射死，还把马皮剥下来晾晒在院子里。有一天，女儿走到马皮边，想到发生的事情，伤心地哭了起来。忽然狂风大作，那张马皮裹住了女孩，不知所终。几天后，人们才在一片树林之中找到了她，这时女孩已与马皮合成一体，浑身雪白，头也已经变成了马头的形状，嘴里则不停地吐出长长的丝，把自己的身体缠绕起来。（图9）

从此，这个世界上就多了一种奇特的生物，因为它总是用丝缠住自己，所以人们就叫它"蚕"（缠），又因为女孩是在树上丧生的，于是那棵树就取名为"桑"（丧），这就是世上桑、蚕与丝的由来。

这个传说最早见于晋代干宝的《搜神记》，流传很广，历代均有

图9　马头娘的故事

类似的记载，至今在四川、江南等蚕桑生产地区还能听到不同的版本，但是它们的情节大同小异，都有马、女、蚕三个基本要素，基本上都遵循着父出不归或有难——女欲见父而许诺婚约——马迎父归——父毁约杀马——马皮裹女而去——女化为蚕的模式，而在细节上有着各自的地方特色。

蚕马故事在民间受到热烈地追捧，人们把她尊奉为"蚕神"，看作是蚕丝业的始祖，又因为她的头形状如马，故叫她"马头娘"或者"马头神"，也有亲切地称为"蚕花娘娘"的。再后来，因为有人认为马头神的样子不好看，就塑造了一个骑在马背上的姑娘的形像，这种塑像被后人放在庙里供奉，称作"马鸣王菩萨"。在民间，特别是在江南地区，对"马头娘"崇拜极盛，蚕农们为她建了专门的蚕花殿，年年蚕事前后，祭祀不断，以祈求养蚕能有个好收成。

五　半个蚕茧

1926 年的一天，位于山西夏县西阴村的仰韶文化遗址正在紧张地挖掘中，主持这次考古发掘的是我国第一代田野考古学家、美国哈佛大学人类学博士李济先生，这也是由中国学者主持进行的首次考古发掘。这个遗址距今大约 5500 多年，已经出土了大量新石器时代的陶片和石斧、石刀、石锤等工具，突然一名考古队员从遗址中发现了一颗花生壳似的物体，引起了众人的关注。这是一颗被割掉了一半的丝质茧壳（图

图10 新石器时代 半个茧壳
（山西夏县西阴村出土）

10），切割面极为平直，虽然部分已经腐蚀，但仍然很有光泽。

李济先生对此十分重视，特地邀请了清华大学生物学教授刘崇乐先生对它进行鉴定。刘教授先后进行了几次检测，发现这颗蚕茧茧壳长约1.36厘米，茧幅约1.04厘米，与当时西阴村所养的蚕茧相比要小的多，而且茧埋藏的位置差不多在坑的底下，它不会是后来侵入的，因为那一方的土色没有受扰的痕迹，也不会是野虫偶尔吐的，因为它的切割面是由锐利的刀刃所为，明显经过人工的割裂。因此，刘崇乐先生虽不敢断定这就是蚕茧，但也没有找出相反的证据。为了得到进一步的证实，1928 年，李济先生又把它带到美国华盛顿进行检测，最后美国斯密森学院鉴定确认为蚕茧。

很快，西阴村发现半个蚕茧的新闻飞过千山万水，传到了世界各地，引起了巨大的轰动，一些关注中国科技史的外国学者也对它进行了研究。日本学者布目顺郎对它作了复原研究，测得原茧长1.52厘米，茧幅0.71厘米，被割去的部分约占全茧的17%，推断是桑螟茧，也就是一种野蚕茧。另一位日本学者池田宪司却在多次考察后认为这是一种家蚕茧，只是当时的家蚕进化不够，茧形还较小。

可以说，关于这个当时发现最古老的蚕茧的孤证，中外考古学界长期以来就没有停止过争论。不仅对于蚕茧的性质有着不同的说法，而且当时发掘的科学性也被有些学者所质疑，认为这是后世混入的，其年代应该晚于仰韶文化。另外，对于蚕茧切割的用途，后人也有许多猜测。有一种说法是生活在西阴村的原始人在认识到野蚕的实用性后，由于野蚕茧的外壳粗硬，他们就用石刀或骨刀将蚕茧切开，取蛹为食，扯茧为丝。由于切割不慎，蛹血污染了茧壳，引起了茧壳腐败变色。这一观点可以从一些民族学的材料中得到支持，在四川省大凉山有一支部落，他们就是先开始采集蚕蛹为食料，后来才养蚕抽丝，因此自称为"布朗米"，意为吃蚕虫的人。

尽管这些问题使得这半个蚕茧仍有许多难解之谜，难以成为强而有力的实证，但是作为中国远古丝绸的见证，它一直被珍藏在台北故宫博物院。后来，随着考古事业的推进，各地新石器遗址中陆续又有了新的发现，特别是 20 世纪 80 年代，在河南荥阳青台村新石器时期遗址出土了距今 5500 多年的丝织物残片，证明了早在公元前 3000 年之前黄河流域就已经出现了原始的蚕桑丝绸业，同时也说明了半个蚕茧在年代上是可能的。

六　钱山漾的发现

那么作为中华古老文明的另一重要起源地，长江流域是否一样也诞生过功被千秋的原始蚕桑丝绸业呢？位于长江下游的浙江湖州钱山漾遗址的发掘，为解答这个问题提供了一条重要线索。

钱山漾遗址位于浙江湖州市以南 7 公里处，距杭州大约 30 公里，属于新石器晚期的良渚文化，是长江下游流域最为著名的古文化之一。1956～1958 年间，考古工作者对它进行了两次较为全面的发掘，在二十二号探坑的第四层发现了一个竹筐，竹筐内盛了一些绸片、麻片、丝线和用丝线编织而成的丝带等物品。1960、1979 年，浙江省纺织科学院和浙江丝绸工学院（今浙江理工大学）先后两次对这些纺织品进行了鉴定，实验发现其中的丝线属于家蚕丝，丝带以人字纹斜编而成，绢片为平纹组织。与这只竹筐同层出土的还有一些稻谷、竹绳和木杵等物件，为了断定这些丝织品的年代，中国考古研究所的研究人员对同一地层出土的木质材料进行了碳14测试，测得其年代大约在公元前2750 年左右，即距今已有 4700 多年的历史了。

2005 年，浙江省文物考古研究所与湖州市博物馆的考古人员又对钱山漾遗址进行了第三次发掘，这次考古发掘出土了一团长度约 7 厘米的丝线（图11），根据同坑出土的器物判断，这一丝线属于马桥文化时期。这些丝织物的可靠性得到了纺织界和考古界的一致认可，是迄今为止发现的长江流域最

图11 新石器时代 丝线（浙江湖州钱山漾出土）

图12 新石器时代 蚕纹牙雕（浙江余
姚河姆渡出土）

早的丝绸产品。

根据这些考古发现，我们可以大概勾勒出新石器时代浙江大地上原始蚕桑丝绸业的大致轮廓：当时良渚人的纺织原料主要是丝和麻，可能还有部分葛，但是使用的很少。麻的纤维较粗，而且来源广泛，是社会普通成员的衣料。而较为珍贵的蚕丝织品，是只有较高阶层的社会成员才能消费得起的产品。而从出土的丝线、丝带和丝织品实物来看，良渚人的缫丝和丝织技术已经达到了相当高的水平。

其实，长江流域的丝绸生产还可以追溯到更早的河姆渡文化，这个遗址位于浙江余姚河姆渡村，在第一期发掘时，考古人员就从中发掘出了距今约7000年前的梭形器、打纬刀和陶制纺轮等与纺织有关的工具。1977年冬，人们又在那里发掘出了一个牙雕器（图12），它的特别之处在于上面雕刻着四对栩栩如生的虫形形象，头部和身上的横节纹都十分明显，不少专家学者都认为这是河姆渡人所刻画的蚕的形象，这也是目前所知最早的蚕形刻画。

从河姆渡到钱山漾，从驯化野蚕到缫丝织绸，生活在长江流域的先民们经过一段漫长而艰辛的摸索，终于完成了这个伟大的历史进程，建立起和中原地区同样发达的原始蚕桑丝绸业。

第二章

丝绸的历程

第二章

丝绸的历程

早在5000多年前，生活在黄河流域和长江流域的祖先们就已经认识到了蚕丝的妙用，开始养蚕织绸，点燃了丝绸生产的文明曙光。商周时期，罗、绮、锦、绣等品种就已出现，到了秦汉时期，丝绸生产形成了完备的技术体系。此后，随着中外文化的交流和经济重心的南移，丝绸工艺技术和生产区域都产生了重大变化。到了明清两代，丝绸的生产已经非常专业化，织物品种更为丰富，图案更加绚丽多姿。

一 曙光初现

清光绪二十五年（1899），在北京担任国子监祭酒（相当于中央教育机构的最高长官）的王懿荣发现中药中的"龙骨"上刻着商代的历史，这就是闻名天下的"甲骨文"。它们最初在河南安阳小屯村的殷墟被发现，这里原来是商王朝后期都城的遗址，近一个世纪以来，在此出土的甲骨多达几十万片，其中有很多都记载了与蚕、桑、丝和蚕业有关的事和文字，比如其中就记录了商代后期一个叫武丁的国王曾为派人察看蚕事而九次占卜的事件。可见，蚕桑丝绸业已成为当时社会生产的一个重要组成部分，受到统治者的极大重视。

商周时期的丝绸业发展很快，为了便于采摘桑叶，先民们开始人工栽培树身较矮的桑树，这种桑树不仅人站在地上就可以采摘，而且它的叶多、肥厚，营养价值高。周代的时候，养蚕的方法已经比较成熟了，并且对蚕的生理规律也有了较深的认识。荀子的《蚕赋》根据当时的实践做了科学总结，把蚕的生活习性归纳为"三起三俯"，还提出蚕有雌雄之分。在生产工艺方面，人们已经认识到茧子用沸水浸煮后部分丝胶会溶解，而且残留下来的丝胶也会软化，方便缫丝，还出现了手摇缫丝工具。虽然商周时期的织物很少留存下来，但是从残留在青铜器、玉器、泥土上的印痕（图13），我们已经可以看到当时高

图13 商 残留在玉戈上的织物痕迹

超的刺绣和提花技术，特别是在西周早期的墓葬中已经发现了使用重组织显花的经锦织物。

战国秦汉时期是中国历史上较为繁荣的时期，各诸侯间政治、经济、文化等的频繁交流促进了社会生产力的发展。丝绸产品已不再是上层社会的奢侈品，逐渐普及到了民间，在人们生活中所占的比重也不断增加，有"一女不织或受之寒"的说法。为了满足日益增长的消费需求，丝绸的产区不断扩大，当时的产区主要集中在黄河中下游地区和四川地区，汉代皇室还在丝织品生产的重点产区——齐郡设立了专为皇室服务的三服官。实用的低干桑被继承下来，为了充分利用耕地，提高桑叶的产量，人们还发明了将桑和黍间隔种植的方法。不仅家蚕的蚕种培育和养蚕技术有了进一步提高，人们还开始利用野蚕。在技术方面最重要的进步是提花技术得到了较大的发展，出现了用脚控制织机开口的踏板织机和以专门程序来控制经线提升规律的提花机。

在丝绸的艺术风格方面，纹样上商周时期的神秘、狞厉、简约和古朴的风格已不复存在，虽然丝织品因为工艺的限制还是以变化多端的几何纹样为主，但是刺绣的表现形式多样，形象趋于灵活生动、写实和大型化，特别是楚地的刺绣，纹样穿插、盘叠，或数个动物合体，或植物体共生、色彩丰富、风格细腻，构成了龙飞凤舞的形式美（图14）。另一个对蚕桑丝绸业生产影响巨大的事件，是西汉武帝时，

图14 战国 龙凤虎纹绣（湖北江陵马山楚墓出土）

张骞两次出使，"凿空"西域，并经过此后不断的经营，基本上打通了中原地区与中亚、西亚及欧洲的交通，形成了一条横亘欧亚大陆的丝绸贸易通道，促进了丝绸的生产和技术艺术上传播、交流和融合。这个时期我国蚕桑丝绸业的技术和规模都有了空前的发展，迎来了它历史上的第一个高峰。

二 融合与转折

在唐太宗的时候，有一个名叫窦师纶的著名丝织品花样设计师，他潜心研究通过丝绸之路传进中原地区的西方纹样，在它的基础上进行创新，用环式花卉或卷草代替来自西域地区的联珠纹，用具有中国民族特

图15 唐 团窠宝花立鸟纹灰缬绢（新疆吐鲁番阿斯塔那出土）

色的传统动物主题替代西域诸神，形成了自己独特的设计风格，很快成为一种流行图案。因为窦师纶被皇帝授予了陵阳公的爵位，所以人们就给他设计的这种图案取名叫"陵阳公样"。

这种将动物置于花卉环的团窠（图15），在中国整整沿续了数百年之久，这也是丝绸之路上东西文化交流的结果。这种丝绸文化上的多元融合早在魏晋南北朝时期就已经出现了，从魏晋南北朝一直到隋唐时期，是中国历史上一个大碰撞、大融合的重要历史阶段，特别是随着丝绸之路上东西文化交流的日益频繁，使得文化、艺术、技术等各方面都有了很大的发展，这种现象反映在丝绸上，就是为秦汉以来的传统丝绸技术体系注入许多西方的元素，使中国丝绸进入了一个大转折的历史时期。

这种转折首先表现在丝绸产区的变化上，从上古直至西晋末年，中国桑蚕丝绸的主要产区一直集中在北方中原地区，那里的生产水平一直领先于长江流域。然而东汉末年以来，中原大地一直处于长期混战中，长江流域却相对比较安定，北方的民众为了谋求生路，纷纷渡江南下，不仅给当地提供了大批劳动力，而且带去了桑蚕丝绸业的先进技术。

经过南移的汉族与南方土著人民长期的共同劳动，到了南朝的时候，西汉司马迁在《史记》中所描述的地广人稀、生产落后的景象已经大为改观。特别是在隋朝时开始开凿的大运河，为南北经济的贯通提供了便利的交通条件，而当时的朝廷也十分注重发展南方的丝绸业。唐大历二年（767），薛兼训担任浙江东道最高军事长官时，看到农村养蚕不普遍，机织生产技术还比较落后，就从他的部队中挑选了一批来自北方的未婚士兵，让他们回家乡选择善于缲织的能手为妻，并带回南方，使浙江绍兴一带的丝绸业得到了迅速发展（图16）。到了魏晋隋唐时期，全国已经形成了黄河流域、四

图16 娶妻善织的故事

川盆地及长江中下游三大丝绸产区，为南宋时期丝绸中心的南移奠定了基础。

汉代时开通的西北绿洲丝绸之路在魏晋隋唐时期达到了鼎盛，而海上丝绸之路也在此时兴起，通过丝路贸易，中国同西亚、中亚等地区文化的交流更加频繁。正是在这种多元化文化的冲击下，魏晋隋唐时期的丝绸无论是在生产技术还是艺术风采上，都呈现出一种与以前不同的中西合璧的风格。

以纬线起花，并使织物图案在纬向得到循环是西方的织造传统。这种织造技术传入中国后，堪称丝织品之冠的织锦由以经线显花的经锦逐渐向以纬线显花的纬锦过渡。纬锦的出现在中国丝绸史上具有举足轻重的意义，它较之中国传统的经锦更利于图案的换色与花纹的细腻表现。另一方面，在北朝到初唐时期，能工巧匠们又把来源于中亚纬锦机的1–N把吊和中国传统的花本相结合，发明了能够同时控制织物图案经纬向循环的束综提花机，使中国的丝织技术迈上了一个新台阶。

这种技术上的发展不仅表现在丝织工艺方面，在印染和刺绣方面也有了很大的进步，各种新的植物染料逐渐传入中国并在中国种植和应用，各种防染印花技术得到了充分发展，唐代三缬名盛天下。长期以来一支独秀的锁绣针法被逐渐淘汰，劈针、直针、钉针等各种新针法开始各领风骚。

　　频繁的文化交流，不仅改进了传统技术，而且促使工匠们通过不断汲取西方纺织文化的营养，创作出新的丝绸图案，"陵阳公样"并不是孤例。首先是纹样排列的变化，北朝时期，受到波斯萨珊王朝装饰方式影响，犹如一串串珠子的"联珠纹"成为晋唐丝绸纹样的主流。在纹样的表现内容上，很多源自西方的题材，比如山羊等动物纹样和太阳神（图17）等异域神祇在北朝时开始大量出现在中国的丝织品上。到了唐代，丝绸纹样的题材和艺术风格更为多样化，宝花图案的流行使图案的主题逐渐向充满生活气息的花鸟植物纹样发展。

图17　北朝 吉昌太阳神纹锦（青海都兰出土）

文化和技术上的交流与融合，促进了晋唐时期蚕桑丝绸业的大发展，尤其是处于中国封建社会鼎盛时期的唐朝，经济繁荣，国力雄厚，在吸收大量新元素基础上形成的丝绸生产技术体系逐渐形成，并主导了以后的丝绸技术主流，使中国丝绸翻开了历史上最为灿烂的篇章。

三　南北异风

后周末年，为了抵御契丹联合北汉的大举入侵，担任后周归德军节度使、殿前都点检的大将赵匡胤率军北上，当部队行进到开封以北二十里的陈桥驿时，一群将领把事先已经准备好的只有皇帝才能穿的黄袍披在赵匡胤身上，拥护他当皇帝，这就是历史上著名的"陈桥兵变"。

宋王朝建立后，结束了晚唐以来各方势力割据一方的混乱局面，为了增加政府的收入，宋朝统治者改变了传统的轻商、抑商政策，从而促进了商品经济的发展，丝绸的流通更加普遍、频繁。不仅在都市，而且在农村，丝绸的流通也在大量增加。当时的北方传统丝绸生产区经过"安史之乱"以后长达一个世纪的喋血干戈，丝绸业呈现萎缩状态。而南方小政权的统治者为了安定社会，经常会实行奖励耕织的政策，比如当时割据江浙闽地区的吴越国王钱镠就"闭关而修蚕织"，为后世太湖流域的蚕丝生产打下了良好的基础，而且南方的气候、温湿度等自然条件也都有利于蚕、桑的生长。据史料记载：北宋时全国租税和上贡的两项丝织品中，黄河流域和长江中、下游地区各占全国总量的三分之一，长江中下游地区的丝绸重心地位日益凸显。特别是南宋朝廷定都临安后，随着政治重心的南移，大批技艺精湛的纺织工匠定居江南，丝绸生产的重心也南移到了以江浙一带为中心的长江中下游地区。由于这些地区丝绸业的快速发展，以及北方少数民族势力的割据妨碍了陆上丝绸之路的通行，宋代特别是南宋时期，海上贸易成为丝绸对外贸易的主要途径。

经过长期的吸收和融合，隋唐时丝绸业经过转折后形成了一个新的体系，两宋时期的丝绸技术主要就是沿着转折后的方向逐渐完善，并发展出了自己的特色。其中最显著的一点就是与唐代丝绸艳丽、丰满的风格相比，宋代的丝绸更注重轻淡、自然、庄重，自然生动的写生折枝花、穿枝花以及大量花鸟纹成为图案的首选题材。这时，丝织艺术与人文艺术结合得更加紧密，这在宋代最具代表性的丝织品——缂丝上有着极为明显的反映（图18）。在技术上，当时的丝绸生产技术已臻于完善，形成了一整套从栽桑、养蚕到牵经、络纬、上机织造的规范。生产工具方面已有了脚踏缫丝车、高楼提花绫机、罗机等，出现了不少像秦观的《蚕书》这样关于蚕织生产的专著。

和两宋王朝同时存在的，还有在北方地区由契丹、女真、党项等少数民族相继建立的辽、金和西夏王朝以及后来由骠悍的蒙古族建立起来的强大蒙古帝国，这些王朝的贵族统治阶级对高档丝织品表现出

图18 宋 朱克柔缂丝
莲塘乳鸭图

了异乎寻常的偏爱和需求（图19）。他们对丝绸的获得主要来自战争劫掠，以及宋王朝每年大量的岁贡，他们自己也发展了一定规模的丝织生产，而这些从事丝绸织造的工匠大多是来自中原地区的汉人，虽然生产的技术水平跟内地相比有一定的距离，但是还是极大地促进了当地的丝绸生产。

1279年，南宋王朝被元帝国所灭，元统一了天下，这是一个多种文化激烈碰撞并逐渐交融的年代，蒙古族文化、伊斯兰文化和汉族传统文化都对丝绸的生产和发展产生了重要的影响。当时北方的传统丝绸产区由于连年战乱，破坏严重，日益变冷的天气也使得北方变得不适宜蚕桑的生长，丝绸生产日渐萎缩，南方地区一跃成为最重要的丝绸产区，政府集中了全国以及回回地区的优秀工匠，设置大量的官营丝绸作坊进行生产。

和两宋时期崇尚清雅、自然不同，蒙古贵族继承了契丹族、女真族等北方游牧民族对加金丝织物的狂热爱好，并在原来丝织技术的基础上有了进一步发展，这大概是因为北方寒冷少水，周围的色彩比较单调，只有金子那灿烂的金色才能像太阳的光芒一样，给生活在广漠中的人们带来更多的希望。元代的加金织物主要有织金、绣金和印

图19 金 瑞云双鹤纹织
金绢（黑龙江阿城
齐国王墓出土）

金三个大类，其中又以纳石失的技术和艺术成就最高，纳石失源自西域，是波斯语词的译音，蒙古贵族为了获得这种用金线显花而形成具有金碧辉煌效果的织锦，专门设立了五个作坊来生产这种织物。而当时淮河以南以汉族人为主的地区仍大抵还是延续了宋风。

为了鼓励农桑生产，元代时还出现了一批总结蚕桑丝绸技术的专门著作。《农桑辑要》的颁布是政府行为，民间也有不少这样的书出版发行，其中有名的像王祯的《农书》详细记载了各种丝绸生产用具并配了图，薛景石的《梓人遗制》则是对各种织机的详细记录。

四 日臻成熟

1956年5月，在地下沉睡了300多年的定陵地宫大门被打开了，定陵是明代万历皇帝的陵寝。经过长达两年零两个月的发掘和清理工作，考古人员发掘出了大量的珍宝，其中最为引人注目的是640多件帝后冠服织品，这些织物花色品种齐全，有锦、绫、罗、缎、纱、绸、绢、绒、改机、缂丝、刺绣等十几个大类，可以说定陵是万历帝后一个巨大的衣橱，代表了明代丝绸生产的最高水平。

明朝建立之初，为了恢复生产，农民出身的朱元璋对蚕桑业等格外重视，早在建国前，就在自己统治的江南地区大量推广种桑养蚕，形成了以江南为中心的区域性密集生产，苏州、杭州、松江、嘉兴和湖州地区成为五大丝绸重镇，特别是以湖州为中心生产的"湖丝"，是海内外众多地区丝织业所仰给的原料，西北的潞绸、广东的粤缎等都以湖丝为原料，连苏州、松江等丝织业发达地区也使用湖丝做原料，有"湖地宜蚕，新丝妙天下"的说法。而在当时设立的供应宫廷和政府需求的众多织染局中，又以江南的浙江和直隶分布最多，特别是隶属中央的南京织染局和地方上的苏州、杭州织染局，无论是在规模、丝绸品质和产量上都首屈一指。参与织造的除了有匠藉身份的工匠外，还有"领织"的民间机户，因而出现了许多专门以织造为生的机户。

　　丝绸生产的专业化促进了丝绸技术的大发展，在养蚕和缫丝方面有了用火盆以适度的火加速烘干蚕丝来提高蚕丝品质的"出水干"和"出口干"工艺。而在织造技术方面，明代时最杰出的表现是在提花织造的技术上，唐代就已出现的束综提花技术到了明代已经相当完备和普及，在宋应星的《天工开物》里可以看到这种用线制花本来贮存织物图案提花信息的斜身式小花楼织机（图20）。在织物品种方面，当时的丝绸种类十分丰富，这点我们可以从定陵出土的服装织品中窥其一斑，特别是其中的绒类产品和妆花织物的生产是明代丝织技术的重要进步，闻名天下的漳绒、漳缎就是从这个时候开始生产的。而妆花是在明代十分盛行的一个品种，特别是受到上流阶级的喜爱，在定陵出土的丝织品中也占了极大的比例。以上海露香园顾绣为代表的刺绣工艺，也在继承传统的基础上有了进一步发展。

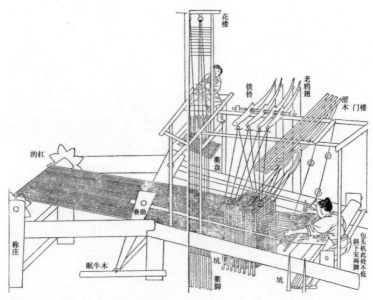

图20　明　宋应星《天工开物》中的花楼织机

　　清代建国后，由于朝廷实行了一系列鼓励植桑养蚕的政策，明末因为战乱而损失惨重的蚕桑丝绸业得到了较快的恢复和发展。丝绸的主要产区在明代基础上进一步向环太湖地区和珠江三角洲地区集中，特别是江南地区的丝绸生产规模不断扩大。清道光年间（1821~1850），南京地区用于生产缎类丝织品的缎机就多达三万张，这还不包括用来生产纱绸绒绫的织机数量。不仅如此，清代主要的皇家丝绸作坊，除设在北京的内织染局外，另外三处也分别设立在江南一带的江宁、苏州、杭州（图21）。清代的织造衙门废除了明代的匠籍制度，改为从民间征募大量技术优秀的能工巧匠。

　　清代的蚕桑丝绸技术在继承明代的基础上有了一定的发展，特别是在生产工序上的分工更为细密，专业化程度更高，比如络丝、牵经、接头等丝织前的准备工序，因为需要高超的技巧和熟练的手艺，往往各自成为一个行业，并且世代相传。而在织的工序上，由于品种不同，所用的织机不同，也是各有分工的，仅织缎织物的就分为素缎织工、花缎织工、纱缎织工、锦缎织工等，可见当时分工之细。当时的丝织品种类也更加繁多，形成了有地方特色的品种群，比如云锦，在品种设计和织造技术上达到了很高水平。随着刺绣商品的活跃流通，出现了许多独具特色的地方绣品，特别是苏、粤、蜀、湘四种地方的刺绣销路最广，所以有了"四大名绣"的美称。

图21　清　江南三大织造局生产的匹料

五 更上层楼

18世纪的时候，一场轰轰烈烈的产业革命在西方各国开展，意大利、法国等欧洲国家开展科学养蚕，并且改进了丝绸生产机械，特别是法国人贾卡（Jacquard）发明了以纹版（图22）来控制提花程序的贾卡织提花机后，西方的纺织技术得到了迅猛发展，成为近代丝绸机器工业的发祥地。

图22 18世纪纹版冲孔工艺

清代晚期，西方的近代丝绸业开始影响我国，中国丝绸工业最先走入近代化的是缫丝工业。中国出现的第一家机器缫丝厂是1861年5月，由英国在华最大的生丝出口商——怡和洋行在上海开办的纺丝局，当时引进了100台先进的欧洲缫丝车。由中国人自己创办的近代机器缫丝厂比怡和洋行纺丝局晚了十几年，即清同治年间（1862～1874），由广东南海人陈启沅（图23）在家乡创办的继昌隆汽机缫丝厂（图24）。

图23 清 陈启沅像

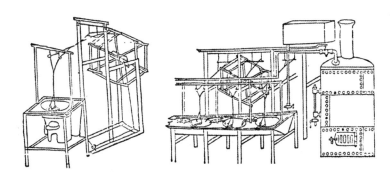

图24　陈启沅绘制的蒸汽缫丝机

继昌隆缫丝厂创办的过程十分艰难，首先是创业的资金非常短缺，继昌隆的启动资金主要是陈启沅在安南的哥哥陈启枢提供的，除了蒸汽引擎是从国外买的，另外的部分都是自己设计制作安装的。同时，新厂的开办还受到了守旧势力的阻挠，当地的地主豪绅以高烟囱破坏风水、男女工混杂有伤风化等为借口，曾强烈反对创办新厂。后来，意、法等国因为气候不佳，蚕茧严重歉收，洋商们争先恐后地来中国采购生丝，一时丝价狂涨，继昌隆也获得了厚利。另一方面，经过几年之后，机器缫丝女工的技艺已经成熟，产品质量逐渐稳定，这时候社会上对新缫丝厂的看法才有了转变。

1882年，民族工商业家黄佐卿在上海设立了上海第一家民族资本的机器缫丝厂——公和永缫丝厂，他的机器设备都是从国外进口的，所以一开始就用蒸汽运转缫车，比广东要先进，产品质量也较好。后来，苏州的苏经丝厂、无锡的永泰丝厂相继创立，这些企业不仅采用先进的生产机械，而且还仿照西方工厂的生产形式进行运作，形成了一系列的近代化生产体系。

当时的中国丝和欧洲用机器生产的厂丝相比，"品质不纯、贷样不符、粗细不匀、价格高昂"，在国际市场上逐渐丧失了竞争力。一些有识之士认识到要想振兴中国的蚕丝业，就必须培养人才，学习和推广新法养蚕和缫丝技术。1897年，杭州太守林启在杭州西湖金沙港原关帝庙和怡贤亲王祠（今曲院风荷公园内）创立了中国第一所蚕桑教育学校——蚕学馆，其宗旨在于除蚕病、精求饲育，兼讲植桑、缫丝，传授学生，推广民间。一群有着秀才身份的年轻人聚集在这里，学习着与圣贤之书完全不同的科学和技术，在显微镜下检查蚕体的病原，练习解剖，并且领导了一场颇见成效的蚕种改良和科学养蚕运动，中国的近代蚕业科学就在这里诞生了。

在丝织技术方面，不少实业家也开始从日本或者西方引进新型的原料、新型的贾卡织机和先进的动力机器设备，不仅织造速度和织物门幅有了大幅提高，而且织物的种类和图案等都有了极大的发展，这些都为现代丝绸业的发展奠定了基础。

第三章

灵机一动

第三章

灵机一动

　　中国文字是一种象形文字，汉字中的"机"字繁体写作"機"，就是一台织机的形象。它的左侧是一个"木"字，表示织机是用木头做的，右侧的下面是一个"戌"字，正是一个织机机架的侧视图，而"戌"字上面是两绞丝"幺"，象征织机上装经的经轴是在织机的顶上。所以，汉字中的"机"字最初指的就是丝织机，但到了后来，机字的含义慢慢地扩大了。首先是扩大到一些其它的工具，譬如说：机械、机具、机器、机构、机关等，再后来又扩大到一些表示智慧和聪明的词，如机动、机要、机敏、机智、机灵、机巧等等。这说明，在中国古人看来，丝织机是当时最为复杂的工具，用丝织机来织制丝绸，是中国古代各种技术中最为奇妙的部分，真是灵机一动，各种漂亮的花纹就织出来了。

但是，织机的发展也不是一蹴而就的。从最初的原始腰机开始，到战国前后的踏板织机以及多综式的提花机，再到唐代的束综提花机，中国丝织机的真正定型和完善，也走过了几千年漫长的历程。

一　原始织机

纺织最初使用的织机是以手提综开口的原始腰机。所谓的原始腰机，是指一种没有机架，但能够完成织机基本功能要求的机具。一般来说，一台织机要完成的动作起码有五个：首先要把织绸用的经线布在经轴上，并把它按需放出来，这称为"送经"；送出来的经线要按需分成上下两层形成一个梭口才能交织，这称为"开口"；然后，织工就用一把梭子绕上纬线穿过这个梭口，称为"投梭"；留在梭口里的纬线必须把它打紧了才能再形成下一个梭口，这就称为"打纬"；最后要把织好的布卷绕在一根布轴上，这称为"卷布"。一般的原始腰机起码已有三根木杆：送经的经轴、卷绸的布轴和开口的开口杆，这三根杆子到后来就称为三轴，是织机里面的基本部件。而投梭和打纬，则由与机身分开的梭子和打纬刀来完成。

最早的原始织机在距今 7000 年前的浙江河姆渡遗址中就已经发现了，但更为完整的原始腰机构成可以从属于良渚文化的织机玉饰件（图25）来推测。这三对共六件玉饰件出土于杭州余杭反山墓地 23 号墓，这是目前所知中国发现最早且最为完整的织机构件。

图25　新石器时代 织机玉饰件（浙江余杭良渚出土）

　　玉饰件出土时相距约35厘米，对称分布于两边，饰件上钻有销孔，推测其间原来应有木质杆棒。通过对玉饰件截面的分析可复原出整个织机的构造，主要由用以夹住织物的卷布轴、用以形成开口的开口杆和用以固定经线的织轴三个部分构成，其中开口杆是织机中最为重要的部件。

　　在织造时，织工先将整好经线的织机用腰背马卷布轴系于腹前，再用双脚蹬起经轴，或将经轴固定在其他的构架上，用扁平的开口杆逐一穿过经线，将其竖起，形成一定高度的完整梭口，然后用木质的

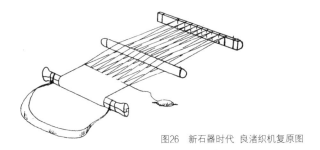

图26 新石器时代 良渚织机复原图

细棍或梭子绕线引纬，再用开口杆打纬后抽出，开始下一纬织造。由于开口杆是扁平而圆润的，所以同时可以用作打纬刀。织到一定长度后，经轴翻转一周放出若干长度经线，卷布轴则相应卷入相同长度的织物（图26）。

这种原始腰机不仅在一些新石器时期的遗址中有所发现，而且在西汉时期的边远少数民族地区仍见使用（图27）。从云南石寨山滇文化遗址出土的青铜贮贝器上的青铜人像造型，可以清晰地看到这种原始腰机被固定在织工的腰上和脚上进行织造的过程。

图27 汉 纺织场景青铜贮贝器上的织机

二 踏板织机

在原始腰机中，开口是用手提开口杆或简单的综片完成的。为使织工能腾出手来专门进行投梭和打纬以提高生产力，人们不仅发明了固定经轴和布轴的机架，而且在机架上装上了脚踏板，用脚踏板来传递动力拉动综片进行开口，这就是被李约瑟博士誉为是中国对世界纺织技术一大贡献的踏板织机。

踏板织机大约出现在战国时期，但踏板织机最早的图像较多地出现在东汉时期的画像石上。目前所知有织机形象的纺织画像石有十余块，山东滕县宏道院和龙阳店、嘉祥县武梁祠、肥城孝堂山郭巨祠、江苏铜山洪楼、泗洪曹庄、四川成都曾家包等地均有出土，描绘的通常是曾母投杼（图28）或牛郎织女的故事，反映了当时一般家庭的织造情况。

在这些画像石上都可清晰地看到织机上的脚踏板，大部分采用的都是二块脚踏板，偶然也有用一块踏板的情况，但织机上所用的综一般都只有一根综杆。这种织机其经面倾斜，利用两块踏板通过中轴来控制一根综杆的开口，将织工从手提综中解放出来，并与原有的自然开口结合，织成平纹织物，从而大大提高了生产效率（图29）。只有一块踏板的织机也可以称为卧机，它的基本特征是机身倾斜，只有一根综杆和一块踏板，主要依靠腰部来控制张力（图30）。踏板卧机最早的形象是在四川成都曾家包东汉墓的画像石上，而最为明确的记载是元

图28　东汉　纺织画像石（江苏泗洪曹庄公社出土）

图29　汉　釉陶织机模型

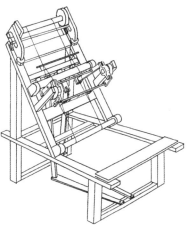

图30　东汉　踏板斜织机复原图

代薛景石的《梓人遗制》。这类织机在民间一直还在使用,湖南浏阳夏布、陕西扶风棉布等均是用这类织机织造的。

　　大约从唐代开始,踏板织机较多地采用双综式,即用两块脚踏板分别控制两片综,每一综均可以进行一种开口,织成平纹织物,经面基本水平。传为南宋梁楷的《蚕织图》及元代程棨本《耕织图》中,都绘有踏板双综机,两机的型制基本一致,有一长一短两块踏板,长的脚踏板与一根长的鸦儿木相连,控制一片综,短的脚踏板与二根短的鸦儿木相连,控制另一片综。

　　约于元、明之际,互动式双蹑双综机出现了。这种织机的特点是采用下压综开口,由两根脚踏板分别与两片综的下端相连,而在机顶用杠杆,其两端分别与两片综的上部相连。这样,当织工踏下一根脚踏板时,一片综就把一组经线下压,与此同时,此综上部又拉着机顶的杠杆,使另一片综提升,形成一个较为清晰的开口。要开另一个梭口时,就踏下另一块脚踏板。这种开口机构十分简洁明了(图31),

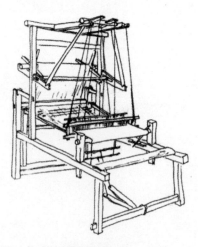

图31　互动式双蹑双综机复原图

在欧洲 12、13 世纪已十分流行，中国的素织机从单动式向互动的演变，可能得益于 13 世纪东西文化交流的兴盛。我们现在能在民间看到的双蹑双综机，基本上就是这种型制。

三　从多综式提花到花本式提花

提花技术是中国古代丝织技术中最为重要的组成部分。从商代出土的青铜器、玉器上附着的几何纹绮来看，当时的丝绸已经有织出来的图案，也就是说，当时已发明了提花技术和提花织机。

所谓的提花技术也就是一种开口的技术。普通的平纹组织虽然也需要开口，但这种开口在整个织造过程中只有两种规律，当遇到有图案的、复杂的丝织品，这种开口就很复杂，很难操作，也极难记忆，必须将这种复杂的开口信息用各种安装在织机上的提花装置贮存起来，以使得这种记忆的开口信息得到循环使用。这就好像是今天的计算机，它有一套程序，编好这套程序之后，所有的运作都可以重复进行，不必每次重新开始。这是一种高难技术，所以宋应星在《天工开物》一书上说：“乃杼柚遍天下，而得见花机之巧者，能几人哉？”

不过，贮存开口信息却有着不同的形式。一种形式为多综式提花，也就是把每一纬不同的开口信息穿在一根综杆（或综片）上，一个图案需要多少根不同规律的纬线，就穿多少根不同规律的综杆，凡是采用这种提花技术的织机我们就称为多综式提花机。《西京杂记》中提到了汉初陈宝光妻用 120 蹑的织机织造散花绫，这里的蹑指的就是这种综杆。在踏板织机最早出现的年代里，这种提花综杆与踏板开口装置相互配合，就形成了多综多蹑提花机。《三国志》在说到扶风马钧改机时对这种织机有过记载：旧绫机"五十综者五十蹑，六十综者六十蹑"，所谓"蹑"就是织机上的脚踏板。这也是世界上最早能控制织物经向图案循环的织机，有信息贮存和记忆功能，它用踏板来控制提花的综杆，在织造一个纬向完全循环内一根纹经可以同时穿入数片花综内，花纹的复杂程度决定了使用综杆数的多少，而综杆的多少又决定了踏板的数量。

由于一台织机上装不下太多的脚踏板，因此，一台织机上的踏板数量有着一定的限制，也就是说一台织机上的综杆数不能太多。而综杆数的多少直接决定了不同规律的纬线数，也就是一个织物图案经向的大小。由于脚踏板的数量不能太多，综杆也就不能太多，织物的图案经向循环也就不会太大。因此，我们在分析战国秦汉时期的提花丝织品时可以发现，其织物的图案宽度常达整个织物的门幅，但其经向长度却不超过几厘米。战国织锦中的代表之作是湖北马山楚墓出土的舞人动物纹锦，从左到右图案纬向贯通全幅，但在经向则高度很小。另一件汉晋时期的王侯合昏（婚）千秋万岁宜子孙锦已较前一织锦晚了约 400 年，但其图案的技术特点依然没变，从织锦上织出的"王侯合昏（婚）千秋万岁宜子孙"这 11 个文字来看，它的纬向循环还是通幅，经向循环依然很小（图 32）。

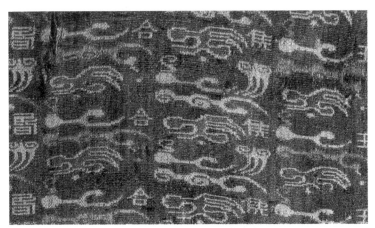

图32 汉晋"王侯合昏千秋万岁宜
子孙"锦被及局部（新疆民
丰尼雅出土）

中国的织锦技术约于 3 世纪前后传入当时的西域地区，包括今天中国的新疆和中亚地区。当地的人们不仅从东方引进了蚕种以栽桑养蚕，而且还模仿学习了汉式织锦的图案循环方法。但西域织工将汉式织锦方向调转了 90 度，不仅是在组织结构上有了变化，同时还将织锦图案循环方案也做了 90 度的改变，结果，西域当地生产的织锦在纬向有着很窄的循环，但在经向却没有固定的循环。

后来到魏晋南北朝时期，这种纬向循环的技术又开始反向传入中原地区，此时，一种既可控制经向循环又可控制纬向循环的束综提花机开始定型。这种织机以线制花本为特征，新疆吐鲁番阿斯塔那出土的一件灯树对羊纹锦（图 33）就是图案在经纬向均有循环的实证，而隋

图33 唐 灯树对羊纹锦
（新疆吐鲁番阿斯塔那出土）

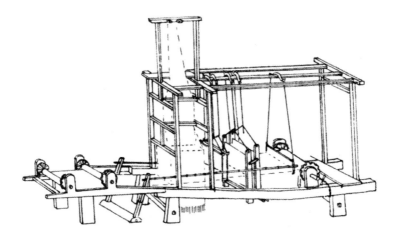

图34　宋《耕织图》中的束综提花机图

末唐初时大量涌现出的小团花纹锦更是十分明确的带经纬两向循环的束综提花机产品，这也说明了真正的提花机在这一时期形成了。这应是一种小花楼织机，我们可在宋人的画作中清楚地看到它的形象：其机身平直，中间隆起高悬花本的花楼，一拉花者坐在花楼之上根据纹样要求用力向一侧拉动花本，花楼之前有两片地综，由坐在机前的织工直接用脚踏控制，并由他负责投梭打纬织造（图34）。这种花楼织机最为核心的技术就是织造图案所需的循序，称为"花本"。

明代宋应星在《天工开物》中对花本有一段十分经典的解释："凡工匠结花本者，心计最精巧。画师先画何等花色于纸上，结本者以丝线随画量度，算计分寸秒忽而结成之。张悬花楼之上，即结者不知成何花色，穿综带经，随其尺寸、度数提起衢脚，梭过之后居然花现。"这种线制的花本到后来就发展成贾卡提花机上的纹板，用打孔的纸版和钢针来控制织机的提花，打孔的位置不同，织出的图案也就不同。再后来，有孔的纸版又启发了电报信号的传送原理，这也就是早期计算机的雏形。由此可以看到，中国古代发明的提花机对世界近代科技史的影响是十分巨大的。

第四章

绫罗锦绮

第四章

绫罗锦绮

用织机织出的丝绸有着很多种变化，我们也给了它们很多不同的称呼，最常听到的就是绫、罗、绸、缎，或者有锦、绣、罗、绮等说法，这就是丝织品种。影响丝织品种的因素很多，其中最为重要的因素就是组织结构。织机上穿综规律的变化会形成不同的梭口，织工织入纬线，就可以织出各种不同的结构。中国古代丝织品的组织结构有着最为复杂的体系，这一体系在汉代已经基本形成，丝织品种也逐渐增多，不仅有素织的绢、纱、缟、纨等，也有带花纹的绮、绫和锦，以及缂丝、妆花等。

一　烟罗轻纱

"罗"这个名字最初指的不是丝绸织物，而是捕鸟的网。古代的辞典《尔雅·释器》中解释说："鸟罟谓之罗"，"罟"念"gu"，就是网的意思。所以罗的繁体字"羅"上面部分的"罒"象征一张网，而下面部分的"维"则是通过相互绞绕形成这种锥形网的绳线组。

后来这种起源于渔猎时代的捕鸟网结构被借用到丝绸生产中，人们把织物中相邻的经线相互扭绞与纬线交织，扭绞的地方经线就重叠在一起，但不扭绞的地方就形成了较大而不规则的孔。因为当时没有机织工具，织出来的织物粗疏得和捕鸟网差不多，所以人们就把这种表面或局部有孔眼的织物称为"罗"。专家们曾称它为大孔罗，后称链式罗。

这种织物出现的较早，1984 年郑州考古所在河南省荥阳县青台村仰韶文化遗址中就发掘了一块浅绛色的罗织物，距今已有 5600 多年的历史。此后中国古代又沿续了很长的时间，在汉唐时期达到最盛，而其中最为有名的就是江南越州(今浙江绍兴)生产的越罗。杜甫《白丝行》中一开篇就说："缫丝须长不须白，越罗蜀锦金粟尺。"可见在盛唐时期，越罗已经和蜀锦一样成为著名的丝织品种。后来它又成了贡品，唐代晚期越州就上贡"十样花纹等罗"，白居易曾把它作为礼品送人，刘禹锡《酬乐天衫酒见寄》中也说到："舞衣偏尚越罗轻"，说明罗是一种极为珍贵的丝织品。这种越罗到宋代就成了婺罗，集中在今天的浙江金华一带生产。这种链式罗通常在四经绞组织的地上再以二经绞组织显花，形成对比鲜明的特殊效果（图 35)。

图35 汉 杯纹罗（湖南长沙马王堆汉墓出土）

但是，链式罗的组织到元代之后就不多用了。后来的罗采用的是较为简单的组织，只由两根固定的相邻经线对应绞转，每织几梭平纹之后就绞转一次，这样就形成了一道道横向的孔路，称为横罗。根据平纹纬数的不同，历史上曾有三梭罗、五梭罗、七梭罗等不同的称呼，明清时期最为著名的产于浙江杭州的杭罗便是平纹梭数较大的横罗。

纱织物经常与罗相提并论，称为纱罗，由此可知，纱与罗是非常相似的织物，它们都很轻透，但纱织物比罗更为轻薄。纱的原意是指稀疏可以漏沙，也可以写作"沙"，它的结构特点是由两根经线相互绞转，并且每一纬绞转一次，其实也就是只织了一梭平纹纬线的横罗。它在唐代的文献中称为"单丝罗"，是四川成都的贡品，到宋代，这种单丝罗被称为方孔纱。后来又在纱的组织中插入了平纹或其它变化组织，就形成了有图案的暗花纱，暗花纱中还有不少变化，如亮地纱、实地纱、祥云纱等等。

二 汉绮唐绫

绮作为丝织品种的名称在历史上出现很早，《楚辞》中就有"纂组绮绣"之句。在两汉时期，绮得到迅速发展，与锦、绣等同被列为有花纹的高级丝织品。绮的组织结构就是在平纹地上用斜纹或其它的变化组织进行显花，从而织出图案，因此，汉代《释名》说："绮，敧也，不顺经纬之理也。"绮在湖南长沙马王堆汉墓中有不少出土，

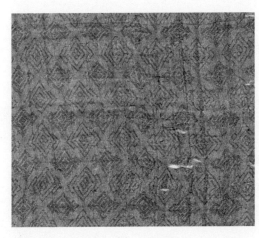

图36　汉　杯纹绮（湖南长
沙马王堆汉墓出土）

　　其图案是一种菱纹，因外形很像汉代的耳杯形状，所以当时称其为杯文，
《释名》中就曾提到当时绮的名称有长命绮和杯文绮等多种（图36）。

　　不过，到了魏晋南北朝时期，虽然组织结构相似的丝织品出土越
来越多，但绮的名称在现实生活中出现的越来越少，被另一个名称——
"绫"所代替。绫品种的组织结构一方面继承了绮，所有平纹地上显
花的暗花丝织品都可以称为绫，另一方面到唐代又有很大的发展，当
时出现的以斜纹作地的暗花丝织品也纳入了绫的范畴。

　　唐代是产绫的鼎盛期，除官府织染署中设有专门的绫作，各地进
贡的丝织品中绫也占了很大的比重。当时的贡物目录、诗文词赋及出
土文书中曾出现过大量绫品名的记载，如以产地命名者有吴绫、范阳绫、
京口绫；以生产者姓氏命名者有司马绫、杨绫、宋绫（也可能是地名）；

以纹样图案命名者有方纹绫、仙文绫、云花绫、龟甲绫、镜花绫、重莲绫、柿蒂绫、孔雀绫、犀牛绫、樗蒲绫、鱼口绫、马眼绫、独窠、两窠、四窠等；以工艺特点命名者有双丝绫、交梭绫、八梭绫、白编绫、熟线绫、楼机绫；以表观色泽命色者有二色绫、耀光绫及各种色名的绫，不可尽数，这时绫的生产已遍布全国各产丝区。

绫的名目虽然丰富多彩，但它的工艺特点都是先织后染，也就是说先把白丝织成织物，再把织物染成不同的色彩，而织物的图案完全依靠花和地两个部分的组织结构变化来实现。关于这一个过程，唐代诗人白居易曾写过一首著名的《缭绫》诗，他用诗的语言对当时最为精美的产于浙江越州地区的缭绫的生产和使用做了记叙，特别是对绫的特点做了详细而到位的描述。诗中写道：

> 缭绫缭绫何所似，不似罗绡与纨绮，
>
> 应似天台山上月明前，四十五尺瀑布泉。
>
> 中有文章又奇绝，地铺白烟花簇雪。
>
> 织者何人衣者谁，越溪寒女汉宫姬。
>
> 去年中使宣口敕，天上取样人间织。
>
> 织为云外秋雁行，染作江南春水色。
>
> 广裁衫袖长制裙，金斗熨波刀翦纹。
>
> 异彩奇文相隐映，转侧看花花不定。

诗句"地铺白烟花簇雪"中的烟和雪都指白色，正是缭绫刚织好时的色彩，而更为奇妙的是白居易用"烟"和"雪"两字之恰当。从当时情况看，浙东一带的绫以平纹地上显斜纹花或长浮花为主，这种绫的表观效果正是地部稍暗，如铺白烟，花部较亮，似堆白雪。"织为云外秋雁行，染作江南春水色"，诗中又一次明确地指出了先织后染的工艺，云外秋雁正是唐代十分常见的官服用绫纹样，正史中有雁衔威仪的记载，可以互证；而江南春水色是一种蓝绿之间的碧色，用蓝草染成，白居易在另一首《江南忆》中写过："春来江水绿如蓝"，说的也是这种色彩。最后是"异彩奇文相隐映，转侧看花花不定"，这正是一般绫织物的特点，白居易发现了这一点而且准确地描绘出来了。异彩只是某一种奇异之彩，并不是有很多的色彩；隐映，正是暗花织物图案若隐若现的情况；在阳光下从不同的角度看，图案根据光照角度时强时弱地呈现出来，甚至是时有时无，这便是转侧看花花不定的缘故。

绫在唐代以后依然十分盛行，特别是在宋元之际。但到了明清两代，绫大多只指装裱书画的用料，由于在装裱时往往会在背后托一些宣纸，因此对绫本身的强度和厚度的要求都不是很高，其组织结构也经常利用当时的缎组织。

三 纻丝与缎

织物组织有三种基本形式，平纹、斜纹和缎纹，此称为三原组织。在这之中，平纹最简单也最早出现，斜纹的形式出现的也很早，而缎纹是三原组织中出现最迟的一种，直到元代才正式出现。

目前能够见到的最早的暗花缎实物是在江苏无锡的钱裕墓（1320）出土的五枚暗花缎（图37），此后在山东邹城的李裕庵墓（1350）和江苏苏州的曹氏墓（1367）也有大量出土。当时泉州生产的缎在世界上都有名，因此拉丁语系中"缎"这个词都是从泉州的古称——"刺桐"的音译衍变而来。《马可波罗游记》中说："泉州缎在中世纪时

图37　元　缠枝牡丹纹暗花缎（江苏无锡出土）

著名，波斯人名之曰 Zaituni，迦思梯勒人名之曰 Scruni，意大利名之曰 Zetoni，法兰西语 Satin，拟出于此。"

但缎在元代并不称为缎，而是称作"纻丝"，到了明清，文献中才较多地出现缎的名称，命名的方法也是多种多样。其中有以产地命名者，如川缎、广缎、京缎、潞缎等；有以用途命名者，如袍缎、裙缎、通袖缎等；有以纹样命名者，如云缎、龙缎、蟒缎等；有以组织循环大小为据者，如五丝、八丝、六丝缎、七丝缎；还有以工艺特征命名者，如素缎、暗花缎、妆花缎等。

缎组织中最为常见的组织结构是暗花缎，这是指在织物表面上以正反缎纹互为花地组织的单层提花织物，其花地缎组织单位相同而光面相异，故能显示花纹，在今天被称为正反缎。最早出现的是五枚缎，其每个基本组织单元由五根经线和五根纬线构成，称为"五丝"，从元代一直沿续到现在。到了清代，缎织物的组织循环有所扩大，缎织物中也出现了八枚缎、七枚缎和十枚缎等，其中又以八枚缎为主，即"八丝"，它的经线浮长较五枚缎长，所以光泽也更好。五枚缎和八枚缎两种产品一直是中国外销丝绸中的大宗，特别是广州地区为八丝缎的主要产地，出产的缎织物被称为"广缎"，不仅畅销于广东和京城地区，并且深受海外市场的欢迎。清初广东人屈大均在《竹枝词》里这样描述广缎的畅销："洋船争出是官商，十字门开向二洋，五丝八丝广缎好，银钱堆满十三行"。

四 织彩为文

锦是中国古代丝织品中最为重要的一种，凡是美好的东西都可用锦来表示。当时对锦的定义是"织彩为文"，也就是把彩色的丝线织成织物就称为织锦。从今天来看，锦是一种采用重组织织成的多彩提花熟织物，一般采用两组或两组以上的经线和纬线交织而成，生产工艺较为复杂，织物通常比较厚重，图案变化十分丰富，因此汉代《释名》中说："锦"字由"金"和"帛"两部分组成，帛是当时丝织品的总称，而金的偏旁意为"作之用功重，其价如金"，在古时"唯尊者得服之"。

锦在《诗经》中就已出现，如《巷伯》中有"萋兮斐兮，成是贝锦"之句，而现存最早的织锦实物出土于辽宁朝阳魏营子西周墓地，南方江西靖江东周墓中也出土了保存十分完好的织锦。但早期的织锦基本都是以经线显花的经锦，其兴盛期出现在战国并一直持续到唐初。战国时期的经锦以湖北江陵马山楚墓中所出舞人动物锦为代表，它采用平纹经重组织，经线有深红、深黄、棕三色，分区换色，纬线为棕色，图案纬向布局，经向长5.5、纬向长49.1厘米，说明当时经锦的织造已采用了多综式提花机进行织制。

汉锦虽然在湖南长沙马王堆有不少出土，但一般认为汉式织锦的代表作是西北地区出土的云气动物纹锦，其技术特征仍然继承上代，但图案变得更加生动，说明其技术有所进步（图38）。

约在隋代前后，斜纹经锦出现。斜纹经锦与平纹经锦在技术上的

图38 汉 云气动物纹锦（新疆民丰尼雅出土）

图39 汉 "五星出东方利中国"锦（新疆民丰尼雅出土）

区别仅在于增加一片地综，但它成为从经锦向纬锦过渡的一块跳板。由于经锦的经线密度过大会很难织造，因此，当时还采用了分区换色的办法来表现更多的色彩，即在整个幅宽中将经线分为若干个区，各区中每组经线颜色各不相同。汉晋之时，经锦的色彩变化更多，当时大部分的云气动物纹锦都采用了红、黄、蓝、白、绿五种色彩，被称为五色云锦。这种五色云锦明显受到了当时阴阳五行学说的影响，把这五种色彩与金、木、水、火、土五行五星和东、西、南、北、中五方等相对应。最为典型的例子就是新疆尼雅出土的"五星出东方利中国"锦，用五种色彩的经线织出了云气动物及五星图案，同时还有"五星出东方利中国"的字样，每厘米经线达到220根，是我们目前所知经线密度最大、织造难度最大的汉式经锦。（图39）

平纹经锦早在战国时期就已被带到丝绸之路沿途，俄罗斯巴泽雷克墓地曾出土过约公元前5世纪的中国织锦。约到3世纪，丝绸之路沿途，主要是中国的西域地区开始模拟这种平纹经锦进行生产，但在织造中却将织物上机的方向调了90度，经纬线正好换了个，这样，在西域地区生产的织锦的组织就成为了平纹纬锦。这种纬锦在甘肃玉门、新疆营盘和吐鲁番，以及乌兹别克费尔干纳地区都有出土，所用的丝线也来自当地养蚕所结的蚕茧，并用当地的方法加工成风格粗犷的丝绵捻线。这种平纹纬锦到6世纪还在生产，吐鲁番出土文书中曾提到龟兹（库车）锦、疏勒（喀什）锦和高昌（吐鲁番）锦等名称，这些就是丝绸之路沿途生产的平纹纬锦。

初唐开始，纬锦中出现了斜纹纬锦，也就是用斜纹作为基本规律的纬锦。在这类纬锦中其实还有两个大类，一是典型的唐式纬锦，这是唐代织锦的主流，不仅中原地区采用，与此同时的中亚粟特地区也有大量这类纬锦；另一是辽式纬锦，这类织锦从中晚唐开始出现，一直沿用到辽宋时期。我们所看到的大量五代至宋的织锦都属于后一类，如杭州雷峰塔地宫出土的五代织锦、辽宁省博物馆藏后梁织成金刚经，以及苏州瑞光塔出土的北宋云纹瑞花锦等采用的都是这种组织。

到了元代，织锦中开始出现一种称为纳石失的织入金线的织金锦。纳石失又称纳赤思，是波斯语织金锦Nasich的音译词，元代百官高档服饰多用纳石失缝制，"无不以金彩相尚"。当时属于官方的专门生产纳石失的作坊就有四五个，而一般的染织提举司中也有大量织工生产同类产品，做成衣服和日常生活中的帷幕、茵褥、椅垫炕垫。纳石失采用特结型的织锦组织，使用两组纬线，一组专门起地组织，与地纬交织，另一组专门固结作为花纹的金质纬线，这种金线通常是将金箔贴在羊皮上切割而成。切割后直接使用的称为片金或平金，把片金再绕在一根纱芯上的称为圆金。这类织物在内蒙古达茂旗明水墓地、新疆盐湖古墓、甘肃漳县元墓、河北隆化鸽子洞等都有出土。

说到织锦，就不能不提传说中的三大名锦，其中宋锦以时代名，蜀锦以地名，云锦以纹饰名，但实际上都是以地区划分的。

真正的宋代织锦采用的是辽式纬锦结构。清康熙年间，有人从泰兴季氏处购得宋裱《淳化阁帖》十帙，揭取其上宋裱织锦 22 种，售于苏州机房模取花样，开始生产。生产出来的这些织锦采用了宋代图案，用的却是特结锦的组织，因此只能称为宋式锦或仿宋锦。

蜀锦产于四川成都，自古有名，汉唐间用的应该是平纹经锦，宋元时用的也是辽式纬锦，但后来基本被毁。清初由浙江人再来恢复，此时的蜀锦则以浣花锦、巴缎、回回锦等为主。

云锦是一个较为混杂的概念，其主要品种属于妆花。

五 运丝如笔

缂丝是用"通经断纬"的方法织成，织制时以本色丝线为经，彩色丝线作纬，用小梭将各色纬线依画稿以平纹组织缂织。我国至迟在唐代就已出现，到两宋时期达到巅峰，现传世的北宋缂丝作品（图40）原多用作裱书画之用，而南宋时期在皇室的倡导下，出现了朱克柔等一批缂织欣赏性花鸟画题材的缂丝名手，所缂作品，丝线极细，晕色自然（图41），"人物、树石、花鸟，精巧疑鬼工"，后人曾赞其"至其运丝如运笔，是绝技，非今人所得梦见也，宜宝之。"

受到唐代缂丝的影响，妆花工艺开始出现。所谓妆花是对挖梭工艺的别称，如一种提花织物在花部采用通经断纬的方法显花的话，这种织物便可以称作是妆花织物，具体又可以根据地部组织而有妆花绢、

图40 北宋 缂丝紫地花卉紫鸾鹊谱

图41 南宋 缂丝山茶

妆花绫、妆花缎、妆花罗等。

妆花的起源尚未有定论，目前所知最早的同类织物应该数青海都兰出土的唐代织金带，在平纹地的带子上织入纯金片，织入之后把多余的部分剪去。大量的妆花织物出现在敦煌藏经洞中，其中有团狮纹、团花纹的妆花绫，其年代约为晚唐到五代。有关辽宋时期妆花或挖梭织花的发现报道日见增多，内蒙古辽代耶律羽之墓出土的鹧鸪海石榴纹妆花绫（图42）是最早的妆花绫实物之一，湖南衡阳何家皂北宋墓中有黄褐色小点花妆花罗团花夹衣残片出土，黑龙江阿城金墓中也出土了许多挖花织制的妆金织物。

图42 辽 鹧鸪海石榴纹妆花绫（内蒙古阿鲁科尔沁耶律羽之墓出土）

妆花织物的兴盛期是在明清两代。明代《天水冰山录》中记载的妆花织物品名有妆花缎、妆花纱、妆花罗、妆花绸、妆花绢、妆花绒、妆花改机等，在定陵出土的 170 余匹袍料和匹料中，妆花织物占了一半以上，故宫里的妆花织物则不胜统计，全国各地明墓中的妆花织物也是屡见不鲜，可见明清妆花之盛。

第五章

染缬刺绣

第五章

染缬刺绣

　　为使丝绸更为华丽，人们开始利用矿物及动植物等各种染料对丝绸进行再加工。早期的印染技术在彩画基础上发展而来，中国很早就已采用了凸版印花技术。蜡染传入后，雕版开始被用于防染印花。唐代中期，多彩夹缬的发明将防染印花工艺发挥到极致。

　　刺绣是另一种锦上添花的方法，它通过穿刺运针、以针带线的手法进行艺术创造，在我国很早就已出现。

一　取之自然

　　关于染料最初是怎样被人们认识并使用的，我们目前还无法给出一个确定的答案，但无疑，它的使用应是出于人们对自然美的向往。

在1856年英国人William Henry Perkin发明合成染料苯胺紫之前，世界上所有地区使用的主要都是植物染料。汉字中的"染"由水、九、木三字组成，其中水字是指染色要在水中进行，木字是指染料多为草木之材，九字是指多的意思，也就是说，染色是以草木作染料在水中进行的。《唐六典》有云："凡染大抵以草木而成，有以花叶、有以茎实、有以根皮，出有方土，采以时月"，说明草木染料是我国古代染色的主要来源，而矿物颜料除朱砂外，大多只用于局部的着色。

从染色技术的角度来看，植物染料中最为特殊的是红花和靛蓝两种，前者为酸性染料，后者是还原染料，而其余大部分的染料都属于媒染染料。

红花中含有两种色素，红花素溶于碱而不溶于酸及水，黄色素溶于酸及水而不溶于碱，染色时必须在红花中提取红花素用作染料，分离出黄色素，这样才能染得较好的红色。据说，红花原产于西域，张骞通西域时将红花种子带回中原地区进行种植，红花染色技术也随之传入中国。在红花使用的早期阶段，人们把上等的红花素用于制备胭脂，而把其次的含有不少黄色素的染液用于丝绸染色。约自唐代起，红花素与黄色素的分离技术进一步提高，人们已能用纯红花素上染，染得的颜色被称为"真红"。到明代宋应星作《天工开物》时，已经可通过改变红花素染液的浓度，来获得莲红、桃红、银红、水红等不同染色层次的色泽。

用于制靛的蓝草其实有多种，如蓼蓝、菘蓝、槐蓝、马蓝等，它们的茎叶中均有可以缩合成靛蓝的吲哚酚，但其在各植物细胞中的存在形式却是有所不同的。如菘蓝所含为菘蓝甙，它遇到碱时即可水解游离出吲哚醇，从而氧化为靛蓝；而蓼蓝和马蓝中含的是靛甙，必须经过长时间发酵、在酶和酸的作用下才能水解、氧化为靛蓝。因此，蓝染的早期工艺是将草木灰与蓝液一起染色，到魏晋时则采用石灰和发酵先将菘蓝水解制靛，然后再还原染色。用蓝草染色，可以染得自浅碧到蓝、青、黑等各种色彩，而且，靛蓝的色牢度较好，深受大家的喜爱。

绝大部分植物染料均含有媒染基因，可用媒染工艺染色。在媒染染料中，较为重要的有染红的苏木、染紫的紫草、染黄的槐米、栀子、黄檗、荩草、染褐黑的各种树皮果壳等，不胜枚举。中国古代所用的媒染剂基本可分成铁剂和铝剂两类，铁离子媒染剂主要来源于绿矾，基本成份为$FeSO_4$，因其能用于染黑，故又称皂矾；铝离子媒染剂以明矾为主，主要成份为$KAL(SO_4)_2$，但它的应用较迟，在中原地区较早是应用草木灰作媒染剂。据魏唐时期的史料记载，当时用于烧灰作媒染剂的植物主要有藜、柃木、山矾、蒿等，据现代科学方法测定，它们之中含有丰富的铝元素，因此，草木灰的主要作用是铝媒染。

当然，除植物染料之外，矿物颜料在古代中国丝织物上的使

用也十分广泛，有赤铁矿（Fe_2O_3）、空青
（$CuSO_4$）、朱砂（HgS）、白云母、碳黑
等，其中朱砂应当是最著名的一种。长沙马王
堆汉墓和江陵马山楚墓中出土过大量完好的朱
砂染织物，其色调鲜明，质地柔软顺滑，而朱
砂所染的朱红更是当时社会上层阶级权势和地
位的象征。

除矿物颜料和植物染料外，还有一些动物
染料被用于丝绸染色中，其中最为有名是的骨
螺（图43）。中国的红里骨螺主要产于莱州湾
等地，它的腮下腺可用作染色，原为黄白或黄
绿色，经光照后转为各种色调的紫色。但由于
一个骨螺可用作染色的部分极少，所以其贵重
可想而知，有"帝王紫"之称。

二 早期印绘

绘画在中国出现甚早，甘肃大地湾的地
画、仰韶文化的彩陶画都反映了距今五六千年
前的新石器时代先民高超的绘画水平。这一时
期也是丝织品出现的时期，因此将绘画的手法

图43 动物染料——骨螺

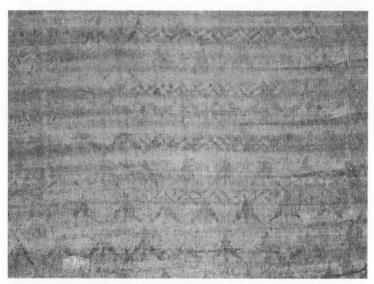

图44 汉 金银色印花绢（湖南长沙马王堆汉墓出土）

图45 汉 凸版青铜印花版
（广东广州南越王墓出土）

图46　汉　印花敷彩纱袍（湖南
　　　长沙马王堆汉墓出土）

应用于织物是不足为奇的。印花技术是画绘技术的延伸，它将染料或颜料拌以粘合剂，并用凸纹版或镂空版将其直接印在织物上显花，这种技术在秦汉时期得到了较大的发展。

最早的凸版直接印花实物出土自湖南长沙马王堆一号汉墓，墓中出土的金银色印花绢（图44）采用金、银、黄三种颜色套印而成，整个印花图案单元呈菱形，由银色的"个"字形分格纹、黄色图案化兽面形的主面纹，以及叠"山"形金色小圆点纹组成。在印花时使用了三套色的凸版，这种印花方法（图45）的出现与秦汉印章的流行密切相关。

当时还有一些印花织物（图46）采用了印花技术与敷彩相结合的

方法，这种将印花和绘花结合的方法是当时印花技术上的一个重大革新，它用直接印花的方法代替了费工费时的底纹部分的手工描绘，不仅提高了生产效率，而且兼收底纹规整划一之功。

从这些出土的印花丝织品可以了解到，早在西汉初年，我国的印花和彩绘技术已经相当精湛，掌握了镂空版和凸版分色印花的全部工艺。

三 唐代"三缬"

缬字出现很迟，约在唐代才有"三缬"之名，用作古代防染印花织物的统称。但就"缬"字本义来看，它实际上就是指绞缬一种，就是今日所称的扎染。唐代《一切经音义》说："以丝缚缯染之，解丝成文曰缬"，很清楚地解释了缬的本义是绞缬。

最早的绞缬实物约出现于魏晋时期，如甘肃敦煌佛爷庙北凉墓、玉门花海魏晋墓、新疆尉犁营盘墓地及吐鲁番阿斯塔那北朝至隋唐墓葬群中均有出土，图案亦有一些变化，但多为小点状，也有少量网目状和朵花状的图案。对照唐代的文献来看，这些小几何纹的绞缬名目多见于唐诗之中，如撮晕缬、鱼子缬、醉眼缬、方胜缬、团宫缬等，其中出现较多的是鱼子缬和醉眼缬，也就是出土实物中最常见的小点状绞缬。

其次是蜡染的应用。蜡染最早见于印度或是中亚地区的棉布上，但到了魏晋时期，西北地区出现了以点染法点上蜡液后进行防染而成的丝织物（图47），这种先以蜂蜡施于织物之上，然后投入染液染色，染后除蜡的方法就被称为"蜡缬"。然而在中原地区，蜡缬很快为使用以草木灰、蛎灰之类为主的碱剂进行防染印花的灰缬所代替。唐代灰缬非常流行，在操作时常通过夹板夹持来进行二次防染，一般以先将织物对折后用夹板夹持，施以防染剂，然后打开夹板进行染色的方法得到色地白花（图48）。这种灰缬便是后来广泛用于棉布印染的蓝印花。

三缬之中最为重要的一种就是夹缬。夹缬之名始于唐，据《唐语林》记载：夹缬的发明者是唐玄宗时柳婕好之妹，她"性巧慧，因使工镂板为杂花之象而为夹缬。"其名也屡见于唐代史料，它指的是一种用两块雕刻成图案对称的花板夹持织物进行防染印花的工艺及工艺制品。

夹缬中最为精彩的是多彩夹缬，其关

图47　魏晋 蓝地蜡缬绢（新疆吐鲁番阿斯塔那出土）

图48　唐　狩猎纹灰缬绢（新疆吐鲁番阿斯塔那出土）

图49　辽"南无释迦牟尼佛"夹缬绢（山西应县佛宫塔出土）

键是在夹缬版上雕出不同的染色区域，使得多彩染色可以一次进行。但唐代夹缬色彩总数并不完全等同于雕板设计的色彩区域数，有时在染色时夹缬板上只雕一种纹样，单色染色，染成后再用其他颜色笔染（图49）。

四　印金盛况

印金就是用类似印花的工艺将金箔或金粉粘着在丝织品表面的工艺。印金在历代文献中常被称为泥金、销金、贴金等，唐代李德裕《鸳鸯篇》写道："洛阳女儿在青阁，二月罗衣轻更薄。金泥文彩未足珍，画作鸳鸯始堪著"，这里的金泥文彩就是印金。此外如"罗衣隐约金泥画"、"银泥罗衫越娃裁"等也都属于印金产品。

我们现在所知最早的印金织物是新疆营盘出土的贴金，此类贴金在4世纪前后于当地应用甚广，当时男女服装的领口、裙摆、胸前、袜背等，均可以看到金箔被剪成三角形、圆点形、方形等贴于其上。不过，唐代的贴金可能更应该称为销金，它从外观上来看与贴金非常类似，但工艺却有较大的区别。从韩国民间保存下来的印金工艺来看，宋元印金中大部分都采用这一工艺，即先在织物上用凸纹版印上粘合剂，然后贴上金箔，经过烘干或熨压，剔除多余的金箔。陕西扶风法门寺地宫出土的铁函表面仍然包裹着一种蝴蝶折枝花纹的印金罗，应该就是销金产品。辽元墓葬中还有在销金外再进行描墨或朱砂的作品，有些保存得非常完好，但大多数情况是金箔被压碎，变成了金粉，金粉脱落时就露出了后面的粘合剂。可以说，韩国民间保存下来的印金工艺很可能就是在元代从中国传入的。

泥金的实物在辽代丝织品中有大量发现，如内蒙古阿鲁科尔沁旗耶律羽之墓出土的四入团花绫地泥金填彩团窠蔓草仕女等。当时的泥金大多以画绘而成，可分为两种方法：一是依绫绮类的织物底纹而画绘，一是在素织物或小几何纹地上进行画绘。其中最为精美的一幅应数绮地泥金龙凤万岁龟鹿，它以泥银绘出云纹的地，泥金绘出"龙凤万岁龟鹿"（图50）六个字。

图50　辽 绮地泥金龙凤万岁龟鹿（内蒙古阿鲁科尔沁耶律羽之墓出土）

五　刺鸾绣凤

刺绣是一种利用丝线，通过穿刺运针、以针带线的手法进行创造的工艺技术，在我国很早就已出现。根据《尚书·益稷》的记载，早在远古时代，统治者就用刺绣的方法将宗彝、藻、火、粉米、黼、黻等纹样装饰在衣服上。这种说法虽然遥远且无法证实，但在殷商时期的青铜器上却确实留有刺绣的痕迹，山西绛县横水西周墓地中也出土了保留有清晰刺绣荒帷印痕的泥块（图51）。

锁针是现存刺绣实物中最早出现的刺绣针法，横水出土的刺绣印痕用的就是这种技法，其特点是前针勾后针从而形成曲线的针迹，这

图51 保存有西周刺绣印痕的泥块（陕西宝鸡茹家庄出土）

是中国的发明。战国秦汉时期是我国刺绣史上第一个极盛时期，这一时期几乎每个有丝织品的墓葬中均有刺绣出土，所采用的也都是锁绣的针法。

南北朝时期佛教的盛行拓宽了刺绣的题材，善男信女往往不惜工本，以绣像来积功德。人们相信刺绣中的每一针代表了一句颂经，一粒佛珠，一次修行，因此通过刺绣过程本身也能达到积福的目的。为了提高生产效率，绣工开始尝试用表观效果基本一致的劈针来代替锁针（图52）。

到了唐宋时期，刺绣艺术的发展达到了一个新的阶段，刺绣针法基本齐备，各种针法基本均已出现。当时大量采用的是运针平直，只依靠针与针之间的连接方式进行变化的平针技法，它常用多种颜色的丝线进行绣作，色彩丰富，因此也有人称其为"彩绣"。这种针法的使用与唐代刺绣生产的发展有着密切关系，因为当时刺绣更多的是用来装饰豪华的丝织品，史载玄宗时贵妃院有刺绣之工七百人，规模极大，她们的主要工作应该是制作日用装饰性刺绣，在这样的情况下，为提高刺绣效率，大量采用平绣必然成为一种发展的趋势。

明清之际，刺绣更为普及，各地都形成了自己独特的风格，产生了众多的名绣。有以一家姓氏命名者，如上海露香园顾绣，但大量的是以地方命名的地方性绣种，如苏绣、蜀绣、粤绣等，外观上更加富丽生动，刺绣的技法系统也更为完善。

顾绣起源于明代嘉靖年间，因形成于当时上海名士顾名世之家而得名，又称露香园绣，其最初为闺阁绣（画绣不以盈利为目的，纯粹为欣赏而绣，属大家闺秀所为）。据说顾绣针法得之内院，"其擘丝细过于发，而针如毫，配色则亦有秘传，故能点染成文，不仅翎毛花卉巧夺天工，而山水人物无不逼肖活现"。顾

图52 唐 释迦牟尼说法图刺绣局部（甘肃敦煌莫高窟出土）

名世孙媳韩希孟是顾绣的代表人物，她精通书画，所绣内容或仿自宋元名迹，或受松江画派影响，人物、山水、草虫等无不精妙传神，为世人所珍，时称"韩媛绣"。其主要的传世作品有《宋元名迹册》、《花卉虫鱼册》等。

然自顾名世之后，家道中落，顾家不得不依靠女眷的刺绣维持生计，其绣品"价亦最贵，尺幅之素，精者值银几两，全幅高丈者，不啻数金"。到了清代中后期，由于利之所趋，顾绣逐渐丧失闺阁绣本色，蜕变为应时之商品绣，所以清代以后，顾绣成为江南丝绣的代称，专造各种刺绣品的工业商行被称作顾绣行，而非专指顾家女眷所绣之品了。但顾绣对各地的名绣影响很大，如苏绣是苏州地区的代表性刺绣，特点是图案秀丽，针法灵活，绣工精致，其技巧表现为"平、光、齐、匀、和、顺、细、密"八个字，苏绣一直被认为是顾绣的继承者。再如湖南的湘绣，长沙的绣庄长期以来都以顾绣为名，一直到清乾隆之后才出现湘绣自己的品牌，但它的特点擅长以丝绒线绣花，亦常以中国画为蓝本，其中顾绣的影响明显可见。

第六章

丝绸艺术

第六章

丝绸艺术

古人对华美的装饰效果有一种执着的追求，并不满足于丝绸所具有的天然迷人光泽，还常常使用机织提花、刺绣、印染等各种方法给织物上增添多种多样的图案。在丝绸纹样艺术发展的历史上，各位丝绸纹样设计师不仅继承中原传统的设计思想，而且还从外来文化艺术中吸收营养，不断地学习和模仿，并根据当时人们的需求不断创新，使织物纹样在风格上有着各自鲜明的时代特色。

一 云间众兽

在丝绸艺术尚处于发轫阶段的商周时期，由于受到丝织技术的限制，当时的丝织图案以各种小几何纹样为主。相比之下，春秋战国时期的几何纹样更为变化多端，不仅一部分图案保留了商周遗风，而且还在此基础上使用打散构成的设计方法，发展出了大几何纹样。这种纹样以粗壮的几何纹作骨架，再填以各种小型几何纹样，最后形成的纹样较为复杂，循环也较大，在战国时期十分流行。这类大几何纹的骨架主要采用两种形式：一是由早期的勾连雷纹直接发展而来，只用几个小方块来区别勾连雷纹的地部与主体；一是由对称或不对称的锯齿形纹演变而来，犹如战国铜镜中的折叠纹。而有时人们还会在大几何纹骨架中加入各种动物题材，只不过在当时刺绣品的图案中，它们的外形略显拘谨和变形。

到了秦汉时期，由于当时的统治者对源于道家和荆楚文化的神仙学说十分狂热，他们登泰山封禅，建仙阁灵宫，为了将神仙吸引入室或是引导灵魂升天，常常用云气纹样来装饰各种生活用品，丝绸产品当然也不例外。这种爱好在丝绸艺术作品中的明显表现就是大量云气动物纹图案的出现，《飞燕外传》里提及西汉元帝的皇后赵飞燕送给妹妹赵合德的礼物里就有"五色云锦帐"。

人们喜欢使用云气纹样，并在其中加入各种动物纹样，这是因为神仙们常常住在云雾缭绕的海上仙山，而各种各样的动物则是他们的座驾或瑞兽。因此，当时的人以为只要穿着有云烟缭绕或瑞兽丛生之状图案的服饰用品，就可以使自己更加接近神仙。神山就是人与天相通的途径之一，仙人们也会由此经常光临，而这些瑞兽仙人往往能帮助自己的灵魂升天或是保佑自己长寿，得到不死药，甚至保佑子孙绵绵无极。

　　从技术和艺术上讲，云气动物纹锦中的云气得益于刺绣艺术，织锦中出现最早的单独的云气纹（图53）是对战国至西汉时期成熟的刺绣纹样（图54）的直接运用，然后动物纹样和穗状云纹开始同时出现，再晚些时候穗状云被发展出的山状云所取代，并成为主流。而这些山状云纹往往直接与仙山神话相吻合，在织物上甚至还直接织出广山、博山等山名作铭文。当时在云气动物纹锦中使用的兽类远远多于禽类，品种繁多，除了可以分辨出的龙、虎、豹、鹿、麒麟、马、羊、鹤、鸿鹄等动物外，还有很多造型神奇的翼兽。

图53　汉"安乐如意长寿无极"锦（新疆民丰尼雅出土）

图54 汉 长寿绣（湖南长
沙马王堆汉墓出土）

秦汉时期的云气动物纹造型奔放、古拙，独树一帜，到了魏晋时期这种图案被继承下来，并得到进一步的程式化和简明化，最后成为纯几何形的骨架，同时这一时期也吸收了西方传入的涡状云纹，形成楼堞式的骨架以布置各种瑞兽纹样。云气动物图案很受当时人们的喜爱，从记载来看，当时长安、邺城及建康等几个政治中心的宫廷中都有此类织物，而在前苏联、蒙古、新疆等地均有大量实物出土，可见其流行程度之广。

二 丝路联珠

魏晋南北朝时期是一个政局动荡、战火弥漫的时代，但是就是在这样一个混乱的局面中，各民族人民共同相处，南北文化激烈碰撞、交流发展，中国古代的艺术设计史进入了一个新的阶段。而这种中西文化交流对丝绸艺术也产生了极大的影响，当时在秦汉时期极为流行的传统云气动物纹样已僵化并衰退，大量受西方影响的图案题材继之而起，其中又以联珠纹样影响最大。

联珠纹其实并不是主题纹样，而是一种骨架的纹样，即由大小基本相同的圆形几何点联接排列，形成更大的几何形骨架，然后在这些骨架中填以动物、花卉等各种纹样，有时也穿插在具体的纹样中作装饰带。联珠纹在中国的盛行期主要集中在魏晋南北朝至隋唐时期，它的流行与萨珊波斯艺术的影响有密切关系。萨珊波斯崇尚袄教，其联珠纹具有特定的组合形式，圆圈是设计中的主角，被理解为黄道带，它的星象象征通过沿圆圈外缘排列的众多天的标志——小圆珠来表现，如此形成的联珠纹寓意神圣之光，而内填的各种主纹都与天、神的语义相关，具有复杂的宗教意义。

北朝时，大量的粟特人由丝绸之路来到中国，也把袄教带到了中原地区，中国人没有对袄教产生普遍的热情，但却对联珠纹情有独钟。人们借助其艺术形式，并选取心中与波斯有密切联系的题材相结合，产生了一种新的图案样式。联珠纹的形式有多种，一种是纯联珠，又可分成带式联珠和散点联珠两类，带式联珠犹如一条联珠绶带，而散点联珠仅仅是气势上的相联而已；另一种是联珠与其它装饰性纹样的配合，如两圈联珠的配合。联珠纹用于丝绸图案最早见于北齐徐显秀墓壁画中对服饰的描绘（图55），而其实物在北朝时期也已出现。此后随着丝绸之路上的文化交流，联珠纹深入中国内地，不仅在丝绸之路沿途可以看到，而且在隋唐之际的长安也经常发现。

图55 北齐 徐显秀墓壁画
　　（山西太原出土）

图56 唐 联珠小花纹锦（新疆吐鲁番阿斯塔那出土）

　　进入唐代之后的联珠纹样已被吸收消化，出现了一些具有中国特色的联珠团窠。消化的过程就是变化的过程，设计师仍然使用联珠纹样，但已经将其进行变化，再移花接木，置换主题纹样，这其中最典型的是联珠小花纹锦（图56），其全貌更像团花，而联珠纹已退化到不起眼的位置。

　　另一种由环式联珠团窠发展而来的新型图案，就是唐初著名的陵阳公样，其使用的团窠环可分成三个类型：第一种是组合环，有双联珠、花瓣联珠、卷草联珠等各种变化，是陵阳公样与联珠团窠较为接近的一种；第二种是卷草环，唐诗中"海榴红绽锦窠匀"所说的正是这类团窠；第三种采用花蕾形的宝花形式作环，其环可以根据蕾形的处理情况而分成显蕾式、藏蕾式、半显半藏式三种。其中的主题纹样变化丰富，从实物来看，有凤凰、鸳鸯、龙、狮子、鸟、鹿、孔雀等，大都是中国传统中较熟悉和喜爱的形象，这类宝花环团窠主要流行于初唐到中唐之际。

三　鸟语花香

唐代出现的陵阳公样，即把动物纹样置于花环之中形成一个团窠图案的出现，是丝绸美术史上的一个里程碑。除此之外，当时流行的团窠纹样还有一种排列形式与环形团窠相近的宝花纹样。

宝花是唐代对团窠花卉图案的一种称呼，史载越州贡宝花花纹罗，日本也有"小宝花绫"题记的织物传世，根据分析，可知小宝花就是小的宝花团窠图案，因此，把唐代的团窠花卉称作宝花是不会错的。宝花是以从传统的动物锦纹中游离出来的柿蒂纹为基本原型，并结合各种植物花卉纹样进行变形的想像性图案（图57）。早期的独立瓣式小花图案十分简单，到隋唐之交时，这种纹样突然变得丰满起来，花瓣的轮廓细腻化了，层次重叠也多起来了，摇身一变成为宝花。它的取材，既有来自印度佛教的莲花，又有地中海一带的忍冬和卷草，

图57　唐 宝花狮纹锦

还有中亚盛产的葡萄和石榴，以及丰富的本国题材，是一种兼容并包的艺术，也是中西文化交流带来的硕果。

唐代中期以后，随着宝花纹样中的写实意味日益加强，宝花逐渐向折枝方向发展，写生型的折枝与景像结合，就有了景象折枝和景象宝花（图58），这是唐代丝绸图案风格写生化的第一阶段。唐代折枝花鸟纹发展的极致是穿枝式花鸟图案，它的风格更为写实、生动、逼真，至此，丝绸艺术的主流在唐代拐了个弯，向着折技花鸟的方向缓缓流去。

到了五代及两宋时期，花鸟成为绘画的主要题材，特别是宋朝皇帝也对花鸟画十分热爱，北宋时宫廷收藏的花鸟作品达2000件以上，所画各种花木杂卉如桃花、牡丹、梅花、药苗、月季、菊花、辛夷、红蓼、

海棠、豆花、荷花、山茶、石竹、木瓜等种类竟达200余种之多。而且
其风格多为写实，许多人或对花写照，或对草虫笼而观之，或入山百余
里写生，或至花圃询问。写生花鸟的勃兴也影响了丝绸艺术的发展，当
时织物中随处可见花卉与鸟蝶瑞禽的结合，许多缂丝和刺绣更是直接临
摹花鸟工笔（图59），并且它们的配合大多有着一定的意义，比如将牡
丹芍药与鸾凤孔雀搭配，取其富贵之意；松竹梅菊与鸥鹭雁鸯搭配，取
其幽远之意等。而此时与花卉配合的题材更为宽泛，除禽鸟之外，还有
百花龙、花中兔、婴戏百花等题材。

图58 唐 花鸟纹锦（新疆吐鲁番阿斯塔那出土）

图59 宋 缂丝桃花画眉图

　　这种以花鸟题材为主的写生纹样在中国北方的辽金西夏时期也屡有出现，但它们更具有北方特色。位于北方的契丹或是女真族每年都有各种游猎活动，其中最为重要的两次是初春在水边放鹘打雁，入秋在林中围猎，这些活动也被较多地反映在织绣图案及其他艺术作品中，称为"春水秋山"。而北方草原地区的植物纹样也是常见的写生纹样题材，如辽庆州白塔所出的红罗地联珠梅竹蜂蝶绣和蓝色罗地梅花蜂蝶绣，均为梅竹荷石及蜂蝶云山自由布局的纹样。元代的丝绸艺术也继承了这种风格，出土于内蒙古集宁路遗址的紫色罗地花鸟纹刺绣夹衫更是将这种独立式的花鸟纹样构图体现到极致（图60）。

图60 元 刺绣花鸟纹罗衫及
　　　局部（内蒙古集宁路遗
　　　址出土）

四　吉祥世界

人们设计和制作丝绸的纹样不仅仅是为了装饰和丰富丝织品，他们还常常通过使用不同的图案来表达对生活的美好愿望和祈求。汉锦中的铭文是人们向往灵魂升天的诉说，唐代的宝花图案则是一种较为隐晦的表示，到了宋代，寓意吉祥的纹样基本成熟，但它的真正盛行期是在明清两代，几乎到了图必有意、意必吉祥的地步。

明清时期丝绸的吉祥纹样，题材十分广泛，花草树石、蜂鸟虫鱼、飞禽走兽无不入画，貌似平凡，其中却不乏真趣。吉祥纹样的构成方法不少，但其表现的内容一般都逃不脱权力、功名、财富、平安、长寿、夫妻恩爱、多子多孙等题材。

在这些吉祥纹样中最直观的是直接采用福、禄、寿、喜、卍等寓意吉祥的文字，这种用文字表达人们美好心愿的手法，早在汉锦上便运用十分广泛，到了明清时期更是得到了空前的发展。一般说来，这些字都有十分丰富的变形，特别是"寿"字，有上百种造型，有"百寿图"之称，具有强烈的装饰性，无论是在皇族还是平民的服饰中都能看到它的身影。字形圆的称为团圆寿（无疾而终），长形的称为长寿，还有如太极图案一般极为简单抽象者（图61）。而"卍"字原本不是汉字，而是梵文，也是一种宗教标志，佛教著作中说佛主再世生，胸前隐起卍字纹，旧时也译为"吉祥海云相"，在武则天时被正式用作汉字，佛经便将之写作"万"字，看成是吉祥万福之所聚。卍尽管

图61 明 织金奔兔纱局部（北京昌平定陵出土）

被用作汉字，但更多地还是以图案的形式出现，吉祥图案中的"万字曲水"纹，借卍四端伸出、连续反复而绘成各种连锁花纹，意为绵长不断。卍也常与寿字连用，取万寿无疆之意。

另一些吉祥纹样则用纹样形象来表示，在历史发展的过程中，一些动植物的自然属性、特性等被延长并加以引申，赋予了一定的含义。比如松柏冬夏常青、凌寒不凋，被引申为长生不老，用以祝福长寿万年；合欢叶晨舒夜合，近于夫妇之意，用以祝愿夫妇和谐；籽粒繁多的石榴、葡萄则是对多子多福的祈求；萱草又名宜男花，表示得子生男。

还有希望使用童子纹样来企求多子多孙的，因此，百子纹样成为最受欢迎的图案之一。

此外，谐音也是一种常见的手法。在汉语中，一个读音往往对应好几个汉字，因此，利用读音的相同和相近便可取得一定的修辞效果。比如用蝙蝠和佛手谐音福气的"福"、宝瓶谐音平安的"平"、蜜蜂谐音丰收的"丰"、桂花和桂圆谐音富贵

图62　清　极乐世界图织锦

的"贵"等等。此外，随着宗教的广泛传播，一些带有宗教色彩的含有吉祥寓意的图案逐渐得到普遍运用，这类纹样以佛教的八宝（八吉祥）、道教的暗八仙图案为多，其他还有杂宝、极乐世界图（图62）和各种佛像等。

第七章

丝绸与中国文化

第七章

丝绸与中国文化

　　丝绸除了给人们带来华丽的衣服、漂亮的装饰品外，和每个人的生活还有什么其他关系呢？其实，在中国社会里，人们生活的方方面面中都能看到蚕桑丝绸的影子，平民百姓通过种桑养蚕、纺纱织绸来补贴家用，朝廷官府则通过征收丝绸来充实国库，文学家们创作了大量与丝绸有关的诗词小说，艺术家们把它当作一个重要的表现题材，而生活在蚕乡的人们，每逢蚕月就举办各种活动来祈祷蚕业丰收，千百年来，形成了独特的蚕乡民俗。

一　天人合一

　　在面积有五亩大小的住宅周围都种上桑树，这样年满五十岁的人就可以穿上丝绸做的衣服，这是2000多年前中国的先贤孟子对理想生活的一种憧憬。穿上用华丽的锦缎做成的衣服，骑着高头大马荣归故里，是每一个在外乡拼搏的游子奋斗的目标。或许我们今天已经很难讲得清人们的初衷是什么，但是能够在生活中用上丝绸做的东西，这的确是很多人的梦想，我们的祖先对衣锦环绣有着孜孜不倦的追求。

在史前时代，人类为了御寒保暖、保护自己的身体不受损伤，就用兽皮、树皮遮蔽身体，后来发明了纺织，先民们最早使用的穿着材料是麻葛类织物。丝绸作为服用面料出现得比较晚，穿用丝绸的初衷已经有些模糊了，可能是出于对人们身体健康的呵护，可能是对于长者高贵地位的尊敬，也可能是对于人死后能够灵魂升天的幻想。

蚕的一生中经历四种不同的生命形态变化，十分神奇，而蚕在一眠一起之间奇特的静动转化吸引了先民们的目光，他们开始把这种由卵而蚕，作茧自缚而成蛹，又破茧而出羽化成蛾的过程和当时生活中最为重大的问题——天地生死联想在一起，认为蚕的一生正是人一生的一种写照。所以，如果人们想要在死后灵魂能够到达天国，就必须像蚕一样破茧而出，于是人们在死后，把身体直接用丝织物或丝绵包裹起来，形成一个用丝质材料做成的人工"茧子"，认为这样就能够帮助死者的灵魂升天了。《礼记》中说："治其麻丝，以为布帛，以养生送死，以事鬼神上帝"，就已经把用麻织成的布和用丝织成的帛的用途区分开来了，麻布主要用于生前服饰，而丝帛则主要用于死后尸服。

图63 商 青铜立人（四川广汉三星堆出土）

先民不仅对蚕本身充满崇拜之情，而且认为用它吐的丝织成的绸也具有沟通天地的神奇功能，人们只要穿着丝绸服装就能和上天沟通。但是，这无疑是少数特权阶层才有的权利，"蚕事既登，分茧称丝效功，以共郊庙之服。"丝绸成了祭服的主要材料。而《礼记》中的"岁既单矣，世妇卒蚕。……及良日，夫人缫，三盆手，遂布子于三宫夫人世妇之吉者，使缫遂朱绿之，玄黄之，以为黼黻文章。服既成，君服以祀先王先公，敬之至也"的记载，更是说明当时用丝绸面料做成的衣服就是帝王们在祭祀先王的时候穿的祭服。

所有这些用于祭祀或是死后所穿的衣服，都带有各种神秘的图案。商代保存下来的丝绸实物不多，但从当时的一些青铜器及玉器雕刻中的人物形象可以看到，他们身上所穿的服装都是一些在几何纹地上加上龙凤图案的纹样。在四川广汉三星堆出土的青铜立人（图63）身上也可以看到龙的图案，而这个青铜立人明显应该是一个正在祭祀的巫师。战国时期，这种丝织品上的龙凤图案应用越来越多，这无疑是为了增强丝绸的神秘感，使得服用者更容易升天，增加与天上的龙凤亲密接触的几率。

因此，我们可以大胆地猜想，先民们长达五千年以来对丝绸的这种孜孜不倦的爱好，正是来源于他们天人合一的理念。

二　衣彩入时

随着社会的发展，渐渐地，表现在丝绸上的天人合一的观念褪色了，淡化了，由儒家建立起的礼仪制度逐渐通行开来。而华美的丝绸由于价格高昂，本身就是一种高贵与身分的象征，人们为了显示自己的地位和财富对丝绸竞相争逐，因此具有丰富色彩和图案的丝绸服饰更可以成为等级的符号和时尚的标杆。

在中国古代社会里，丝绸一直是等级的标志，当时无论是对帝王国戚还是大小官员的服饰图案和颜色都有明确的规定，任何人都不得逾越，最明显的表现就是代表天子的龙纹，以及流行于明清时期的表明各级官员品阶大小的补子图案。

一旦丝绸成了标志礼仪等级的工具，人们就会以此作为一个追求的目标而趋之若鹜。在唐诗中就可以时常看到当时诗人们对这类服装的赞美和羡慕之情，白居易的《闻行简恩赐章服喜成长句寄之》中说"荣传锦帐花联萼，彩动绫袍雁趁行"、王建的《和蒋学士新授服章》"瑞草唯承天上露，红鸾不受世间尘"、刘兼的《宣赐锦袍设上诸郡客》"将同玉蝶侵肌冷，也遣金鹏遍体飞"，这些诗句都反映了在当时的文人士大夫阶层中流行折枝花鸟图案，而事实上，这种图案能够流行也是因为当时的官服是以鸟纹为主要纹样的。也正由于人们的追求，当时常有在服饰上的僭越事件发生。

另一方面，丝绸的颜色极其丰富，通过提花、印花、刺绣等各种方法在丝绸上显现出来的图案变化也随着丝织、印染技术的不断进步而层出不穷，人们在追求表现自己的地位和财富外，丝绸也成为他们追求的一种时尚。综观整个的中国丝绸艺术史，丝绸的图案流行变换之快，的确是其它工艺美术门类所无法比拟的。特别是在唐代，这种对丝绸的追求在大量唐人诗作中也有所表现，这一方面是因为唐代的经济十分繁荣发达，中西文化交流日益频繁，人们有经济实力追求高消费，追求时尚；另一方面是当时的丝绸生产技术，无论是丝织、印染还是刺绣技术都有了飞速发展，有能力满足人们对丝绸时尚的不断追求。

郑谷的《锦》诗中称："布素豪家定不看，若无文彩入时难"，可见当时的人际交往也非常注重服饰的好坏，甚至达到重衣不重人的地步。南唐诗人李询在《赠织锦人》诗中说："美人一曲成千赐，心里犹嫌花样疏"，唱歌的女子一曲唱罢，能得到成千匹绸缎的赏赐，却还嫌绸缎的花样不好，李询的这首诗多少有点替织锦人打抱不平的意味。因此，在当时如果想要送丝绸给那些时尚女子，那就更得小心，因为她们对图案结构、风格等有着特殊的爱好。

然而，对消费者来说，更重要的还是要紧跟时尚的脚步，当时人们的消费观竟然和现在时装业的要求相接近，所谓"越地缯纱纹样新"，"便令裁制为时服"，时服就是流行时装，要用就要用最时新的纹样。而"织锦花不常，见之尽云拙"，虽然丝织品的花样已经是不断翻新了，但是只要稍一迟缓，这些新鲜的花样也就成为昨日黄花，不再新颖，也不再流行了。

三　衣冠楚楚

中国自古以来就是礼仪之邦、衣冠古国，在中国的古代社会中，普通人通常用棉麻织物来制作服装，而华美的丝绸由于价格高昂，使用丝绸制品、穿着丝绸服装的都是些皇亲国戚和达官贵人。丝绸本身也成为一种身份和地位的标志，丝绸服饰则是"分尊卑、别贵贱"的礼仪制度工具之一，成为煌煌礼制的一个缩影。

在体现礼仪等级的丝绸服饰中又以皇帝的服饰最为高级，皇帝拥有天下最尊贵的身份，他的衣裳配饰，小到丝线的长度、衣料的颜色，大到衣服的形制、衣料的图案，都有一套严格的服饰制度。根据史书记载：在黄帝以前，人们都是头插羽毛来遮蔽酷暑，身披兽皮来抵挡严寒的。到了黄帝掌管天下后，才第一次制作衣裳，并推行于天下。《易经》中记载："黄帝、尧、舜垂衣裳而天下治，盖取之乾坤。"这里的"垂衣裳"就是指缝制衣裳。黄帝所创制的衣裳是按照《易经》中的乾坤两卦来设计的，乾为天，坤为地，一上一下，于是有了上衣下裳的区分。在"天子"的上衣上还画了日、月、星辰、山、龙、华虫这六种图案，下裳上绣出宗彝、藻、火、粉米、黼、黻这六种图案，这些图案加起来，被称作"十二章"，有着各自不同的含义，比如日、月、星辰代表光明，黼代表决断。后来这套图案被继承下来，成为历代皇帝的专用纹样。

皇帝是万民仰视的真龙天子，作为帝王化身的龙纹也是皇帝服饰中的专用图案题材，不过，龙纹也被分成好几个不同的等级。最早的龙纹呲牙咧嘴，龙角靠的很近，有三个爪子，元代的龙纹变成了五个爪子，从明代开始，只有皇帝的服饰才能使用五个爪子的龙纹（图64），皇亲国戚只能用四个爪子的蟒纹和与龙纹较为相似的飞鱼和斗牛纹样。而作为天下最高贵的女子，皇后们的服饰上除了用凤的图案装饰外，还有以翟鸟作装饰的，翟鸟是白冠长尾雉的别称，早在《周礼》中就规定了皇后的祭服上要绘以翟鸟纹饰，明代的时候则规定皇后的祭服"翟衣，深青，织翟纹十有二等，间以小轮花"。其他贵妇人的衣服和霞帔上也常用翟鸟的图案，只是只数随每个人的品阶有所区别。

图64 清 龙袍

图65 清 补服

在中国古代礼仪制度中，另外一个最能表现丝绸和礼仪等级密切关系的，就是明清时期文武百官的补服（图65）。补服是一种饰有品级徽识的官服，在官服的前胸后背，各缀有一块形式、内容及意义相同的补子。补子的图案根据官员的品级而定，一般文官用禽鸟，武官则使用猛兽，因此，人们只要一看官员身上缀的补子的纹样，就可以知道他的官阶品位。在明清两代，除了朝廷命官，官员的母亲和妻子，凡是受过朝廷诰封的，在庆典朝会上也要穿着表明自己身份的补服。她们所用的补子纹样一般根据她们丈夫或儿子的官品而定，尺寸要比男的小，只是女子以恬静闲雅为美德，不推崇武功，所以武职官员的母亲和妻子也和文官家属一样，使用禽纹补，而不用兽纹补。但是官补制度并没有被严格的执行，僭越品级的事情时有发生，尤其是明代，而且多发生在武官身上，这也造成了现在武官补子中品阶较低的，如八品犀牛及九品海马补子几乎很难找到的奇怪现象。

除了织物图案之外，丝绸的色彩也是分辨等级的重要因素之一，最有代表性的是，在某个时期，某种特定的黄色是只能由天子穿着的颜色，任何人都不能染指，不然就可能会惹来大祸。关于这点，在末代皇帝溥仪的回忆录里曾经讲过这样一个故事：在溥仪小时候，有一次他的弟弟溥杰进宫来看他，两兄弟边做游戏边聊天，忽然溥仪发现弟弟的衣袖是皇帝专用的明黄色，勃然大怒，认为溥杰这是大逆不道，狠狠地责备了他。此外，丝绸服饰的颜色还被用来区分贵族和平民以及不同官员的官位大小。汉代的时候，紫色是贵族们休闲娱乐时穿的衣服的颜色，而绿色则是普通民众日常穿的衣服常采用的颜色。唐高祖的时候，亲王及三品以上的大员穿大科绫罗紫色袍衫，五品以上的官员穿朱色小科绫罗袍，六品以上的官员穿黄丝布交梭双紃绫，六品七品的官员只能穿绿色的袍子，大概按紫、绯、绿、青四色来分别官品的高卑就是从这时开始的吧。

四　环饰锦绣

丝绸因为它华丽的外观、舒适的触感而广受人们的喜爱，人们不仅把它做成不同款式的各种服装，而且生活中的很多用品都以用丝绸锦绣做的为上品。这种环饰锦绣的爱好首先就表现在居住环境上，建筑和服装一样，也是为人而设的，只是大小不同而已，服装小一些，只能穿在人的身上，而建筑比较大，因此使用丝绸做装饰布置的发挥空间也更大。

郭子横在《洞冥记》中记录汉武帝在元鼎元年（前116）建造的仙灵阁时，描述到"编翠羽麟毫为帘，有连烟之锦，走龙之绣。"可见这些织有连续不断的云气纹样的织锦和绣着游走的飞龙图案的绣品，在当时都是用来做室内装饰的，一些汉晋时期的墓室壁画中也反映出以锦绣为墙衣的景象。这种现象在北宋李诫的《营造法式》中依然可以看到，当时的许多建筑彩绘实际上都是对用来装饰墙体的丝绸图案的简化表现。

用来装饰地面的丝绸织物也不少，主要是一些铺地的织物，当时有叫做"地衣"的，也就是我们现在通常说的地毯一类的东西。《西京杂记》中记载东汉明帝时，用"紫鸾之锦，翠鸳之绣"铺设在宫殿的地上；《资治通鉴》中也记载唐懿宗时，懿宗与郭淑妃思念死去的女儿文懿公主，有乐工作了一首《叹百年曲》，于是懿宗就命人"以缣八百匹为地衣"，有舞者数百人在这以缣铺就的宫殿里表演，这些都是宫中以丝绸铺地的文献记录。事实上，当时的地毯大部分也是丝毯，唐代大诗人白居易在《红线毯》中提到的宣州（今安徽宣城）当地的名产"丝头红毯"就是以丝织成的栽绒地毯，有"彩丝茸茸香拂拂，线软花虚不胜物"的美誉。现在的新疆地毯、波斯地毯中，也有大量以丝织成者。

　　而古时将丝绸用于室内软装饰的就更多了，当时的门窗通常用纱罗织物作帘子，房子中间就用锦做的屏风来作隔断。清代小说《红楼梦》十七回中写到大观园新落成时，各种房间里要配帐幔帘子之类的装饰品，其中讲到的用丝绸做成的室内软装饰品，就有用妆花、堆绫绣、缂丝和弹墨印花等方法制成的各种幔子，五彩线络盘花的帘子，还有椅搭、桌围、床裙、桌套等等。所谓幔子，应该就是床上的帐子，史料上又称罗幔或罗帏。"南窗北牖挂明光，罗帏绮帐脂粉香"，用纱罗织物做成的帐子，轻盈透明，在夏天使用可以防暑透风，冬天则有用较为厚重的锦制成的帐子，以抵御五更寒风。在传世的文物中也可以看到各种以不同丝绸面料制成的门帘（图66）和窗帘，这些软装饰品花式各异，其中最为著名的是传为清光绪皇帝大婚时所用的门窗帘，用纳纱绣和缎地平绣的方法在上面

图66　清　刺绣门帘

图67 元 凤穿牡丹纹锦被局部（河北隆化鸽子洞出土）

绣出百子图。

至于用作枕头、被衾及座垫等家居所用的丝绸装饰就更不胜枚举了，我们现在所知道的最早的锦衾是湖北马山楚墓出土的，同时出土的还有用刺绣制成的褥子。后世这样的锦衾还有不少出土，其中保存最为完好的要数内蒙古元集宁路出土的格力芬锦被和河北鸽子洞出土的凤穿牡丹纹锦被（图67）了，纹样华丽，章彩奇异。与被褥配套的是枕头，新疆地区出土了大量丝绸做的枕头，外观做成鸡的造型，有鸡鸣报晓、催人早起的寓意（图68）。

除了在世俗生活中被大量用于室内软装饰品，以及灯笼、轿子、车舆等室外装饰物外，丝绸还被广泛地运用于寺庙、道观等宗教场所。《洛阳迦蓝记》记载，北魏宋云、惠生出使西域的时候，看见丝绸之路沿途的佛教寺院总是"悬彩幡盖，亦有万计"，在敦煌莫高窟藏经洞也发现了大量用丝绸做成的佛幡、伞盖、经巾等宗教用品（图69）。

图68　汉晋 织锦鸡鸣枕
（新疆民丰尼雅出土）

图69　唐 夹缬幡（甘肃敦煌
莫高窟出土）

五　文化宝库

丝绸对于中国而言，是一座真正的文化宝库。

经、纬、继、续、绢、绸、缎、绳、统、综、线、绝、练、绣、编、织、红、绿……，在中国的方块字中有大量直接或间接与蚕桑丝绸生产有关的文字，它们有的是来源于丝绸的种类，有的是用来形容丝绸的颜色，有的则是关于织机上各个构件的描述，数量十分巨大。在已经发现的甲骨文中，以"糸"为偏旁的字就有100多个。到了汉代许慎写作《说文解字》的时候，收录的以"糸"为偏旁的字有260个，"巾"旁的字有75个，"衣"旁的字则有120多个（图70）。后来，随着蚕桑丝绸业的不断发展，由此衍生出来的文字也进一步增加，到了清代编写《康熙字典》的时候，以"糸"为偏旁的字已经发展到了830多个，可见丝绸和中国文字的关系是多么密切。

除了单个的文字外，在我们生活中的有些词汇和成语，虽然它们现在的意思不一定和蚕桑丝绸有关，但却是从蚕桑丝绸纺织的生产生活中发展而来的。例如"综合"，现在的意思是指把事物的各个方面结合成一个整体一起考虑，而它最初是指众多的丝线穿过综眼而被有序集合在一起；又如"机构"，原来是指织机的结构，而现在往往用来泛指机关、团体等工作单位或其内部组织等等。还有一些词汇从它最初的含义中引申出了新的意思，像"锦上添花"，原来用以形容妆花工艺，即指在彩纬提花的基础上，另用小梭在织物局部挖织花纹

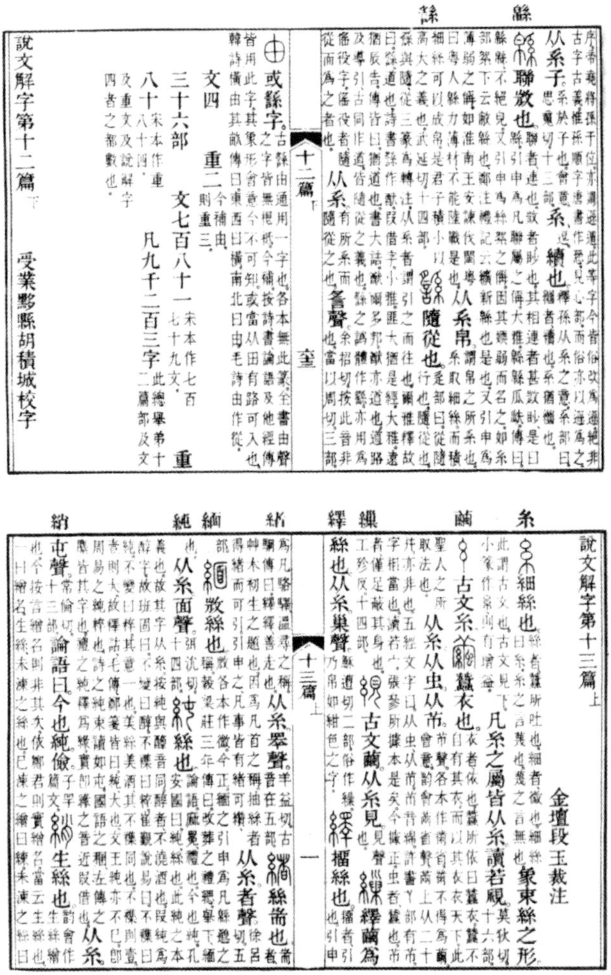

图70　汉　许慎《说文解字》

使它更加美丽，而现在也常用来比喻使美好的事物更加美好；"青出于蓝而胜于蓝"，原本是指蓝草染料在染色后能得到比草色更深的颜色，而现在则引申为后辈超过前辈。

　　蚕桑丝绸对中国文化的影响力不仅表现在语言文字方面，对文学作品的影响也是巨大的。除了《蚕书》、《梓人遗制》、《天工开物》等一大批直接记录蚕桑丝绸生产的科技著作外，历代以来还有很多以丝绸为题材的文学作品，品种多样，内容丰富多彩。从我国最早的诗歌总集《诗经》开始，就有许多文人墨客均以丝绸为内容赋诗作画，特别是中国历史上闻名的唐诗、宋词中，许多名家如李白、白居易、杜甫、李商隐、王昌龄，以及范成大、陆游、苏轼等人的作品中，就有很多是以丝绸为主要内容的。唐代大诗人白居易的《红线毯》是其中较为著名的一首：

红线毯，

择茧缲丝清水煮，拣丝练线红蓝染。

染为红线红于花，织作披香殿上毯。

披香殿广十丈余，红线织成可殿铺。

彩丝茸茸香拂拂，线软花虚不胜物。

美人踏上歌舞来，罗袜绣鞋随步没。

太原毯涩毳缕硬，蜀都褥薄锦花冷。

不如此毯温且柔，年年十月来宣州。

宣州太守加样织，自谓为臣能竭力。

百夫同担进宫中，线厚丝多卷不得。

宣州太守知不知？一丈毯，千两丝。

地不知寒人要暖，少夺人衣作地衣。

红线毯是唐代宣州（今安徽省宣城县）地方上进贡朝廷的贡品，这首诗严厉地谴责了宣州太守极力讨好朝廷的行为，表达了对贫困百姓生活的同情。而且，它也几乎是研究唐代丝织绒毯的唯一史料，"彩丝茸茸"等句十分明确地指出了丝毯剪断头后的丝头呈毛茸茸的样子，很明显这里描写的是一种栽绒地毯。

另一首与丝绸相关的著名诗作，是前秦时期的才女苏惠所作的回文诗。相传前秦秦州刺史窦滔十分宠爱小妾赵阳台，他的妻子苏惠非常嫉妒，于是窦滔在被派往襄阳驻守的时候没有带苏惠，只带了赵阳台赴任，并从此与妻子中断了联系。后来苏惠因为思念丈夫，作了一幅可以反复回环诵读的回文诗，并用五色丝线织成锦缎，取名为"璇玑图"，寄给窦滔，劝他回心转意。《璇玑图》最早是840字，后人因为感叹璇玑图的奇妙，在图的正中央加入一个"心"字，成为现在广泛流传的841字版本，据说已经能从中读出几千首诗。清代传奇小说《镜花缘》中还专门有讨论璇玑图的一个章节（图71）。

而有关蚕桑丝绸描写的小说更是不少，特别是在小说盛行的明清时期，《金瓶梅》、《红楼梦》、《醒世恒言》、《海上花列传》等

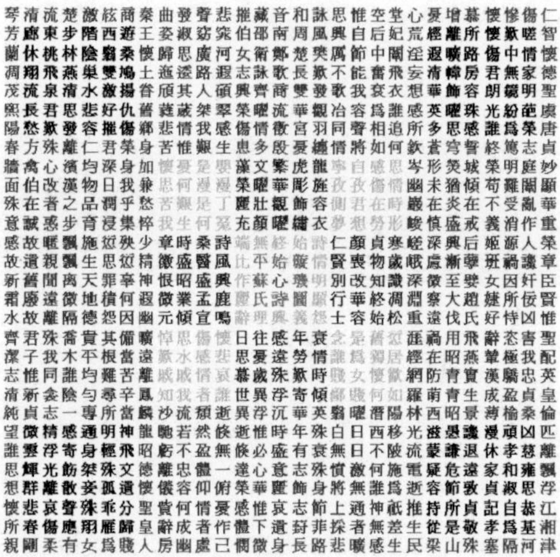

图71　清　《镜花缘》中的璇玑图

小说里都有大量丝绸纺织品的名字和描写。在民间更是有很多广为流传的传说故事，前面提到的马头娘娘的故事等都属于这类。

丝绸与艺术有着一种天然的血缘关系，一方面丝绸上各种各样美丽的图案设计可归属于艺术设计的范畴，另一方面蚕桑丝绸作为一项重要的生活内容，常常被各种艺术作品当作重要的表现题材。

早在新石器时代，蚕和蛹的形象就出现在艺术作品中，人们在一些遗址中发现了许多陶质或玉质的蛹形、蚕形、蛾形雕刻品。除了距今7000多年前的河姆渡遗址中的蚕纹牙雕外，在距今5000多年前的江苏吴县梅堰的黑陶中也出现过蚕纹雕刻。此外，在山西芮城西庄村、河北正定南杨庄的仰韶文化遗址中都出土过陶质蚕蛹，生动地刻画了蚕蛹蜕变为蛾的过程。此后，在商周时期的玉器上也出现了不少人首蛹身的形象（图72）。

图72 商 人首蛹身玉雕

桑树的形象在古代艺术品中也不少见，不过它一般都是以通天之树——扶桑树的身份出现的。四川广汉三星堆遗址中出土的青铜扶桑树座，树身高大，是极为罕见的精品。战国时期曾侯乙墓出土的扶桑图案中，有一个人正站在树下引弓射鸟，后人推测他就是射日的后羿。而与现实中的桑树形象最为接近的，是一只水陆攻战采桑纹青铜壶上的图案，这只战国时期的青铜壶出土于山西襄汾，在壶颈位置以独特的线刻和剪影的方式表现了众多女子在桑林里采摘桑叶的场景。

中国书画与丝绸的关系也十分密切。自古以来，中国人就习惯于在丝织品上泼墨挥毫，作画写诗，不仅像春秋战国时期的帛画和帛书、唐宋时期的绢本书画等，是绘制在平纹绢、绫和缎等丝绸面料上的，而且古人们也一直用画绘的方法来装饰用于服装的丝绸面料。湖南长沙马王堆汉墓出土的印花敷彩纱是较早的实物，到了唐代，这种手绘的丝绸发现得更多，陕西扶风法门寺地宫出土的晚唐织物中就有不少手绘织物，在敦煌藏经洞里也发现有不少手绘作品。而最大量的是辽代耶律羽之墓中出土的丝织品，其手绘数量之大，实属罕见，而手法之精到、笔墨之流畅，当属顶尖画家之作品。

另外，丝绸生产场景也是古代画家乐意使用的一个题材，唐代张萱的名画《捣练图》（图73）就是这样一幅作品，表现了当时进行丝绸精练时，捣练、检理、熨平等各个不同的情景。更著名的绘画作品是南宋初年由于潜县令楼璹绘制的《耕织图》（图74），作者用了二十四个画面来表现蚕桑丝绸的不同生产过程，因为它较为详尽准确地反映了当时的农业和丝绸生产情况，因而深受重视，历代以来都有各种不同的摹本流传。

丝绸不仅是艺术家们的宠儿，而且还对其他门类艺术的发展作出过特殊的贡献，其中最明显的是对源于印刷术的版画艺术的影响。印刷术是中国古代四大发明之一，而中国传统的印刷工艺可以说有很大一部分直接取自于丝绸的印花技术。一般认为，印刷术起源于印章，中国的印章在秦汉之际已经大量出现，但当时的印章与后世的印刷版相差很远，而几乎同时出现在丝织物上的印花却和它十分相似。另外从工艺上来看，印花版就是印刷版的前身。纸张出现后不久，雕花版也越来越大，用它印刷的产品就是版画（图75），这种版画的印刷技术在日后的发展中，一直与中国凸版印花技术相伴相从。凸版印花有两种方法：一是在凸纹处刷上颜色，印上织物，这种方法与版画最为接

图73　唐《捣练图》局部

图74　南宋 吴皇后题注本《耕织图》局部

图75 唐 雕印《金刚经》中的佛说法图

近，民间印刷年画时经常采用；二是先将织物铺于凸版上进行碾压，使织物按版的形状起伏，再用刷子刷上颜色，产生多套色的印花效果，该工艺则有点类似于我国传统碑帖印刷中的拓片作法。

六 蚕乡遗俗

位于浙江北部太湖流域的杭嘉湖地区是我国蚕业的发源地之一，有着极为悠久的养蚕历史。这里的农民一半靠田，一半靠蚕，他们世代以养蚕织绸为生，在漫长的蚕桑生产过程中，蚕桑丝绸业已经渗透到了生产生活的方方面面，并逐渐形成了独具蚕桑文化特色的蚕乡民俗，如祭祀蚕神（图76）、蚕花生日、烧田蚕、轧蚕花、送蚕花、点蚕花灯、扫蚕花地、吃蚕花饭等。

新春佳节是中国人最为隆重的节日，岁末年初，蚕乡的很多风俗都和蚕桑丝绸生产有关，其中最热闹的就数"烧田蚕"、"点蚕花灯"和"呼蚕花"了。烧田蚕流行于太湖流域，大年三十或者元宵节的晚上，蚕农们用丝绵把竹子、芦苇和树枝等缠成火把，点燃后浩浩

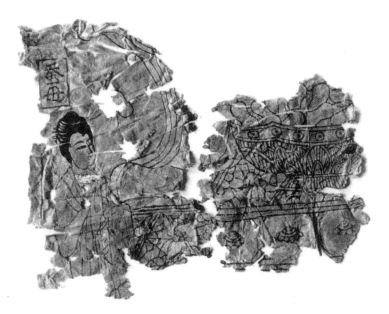

图76 宋 蚕母雕刻印刷像

荡荡地开赴田野，人们一边使劲把火把甩向田野，一边高喊"火把甩向南，今年养得好龙蚕"等祝辞，火把点燃了田间的枯草，火烧得越旺，则来年的田蚕越好。

"点蚕花灯"和"呼蚕花"也是除夕晚上的事情，吃完年夜饭，儿童们点燃花灯，嘴里唱着祝愿田蚕丰收的童谣："白米落伢田里来，搭个蚕花娘子一道来。落伢囤里千万斤，落伢蚕花廿四分……"，在田间地头奔跑嬉戏，一直要闹到深夜才回。

而对蚕乡的人们来说，除去春节，一年中最重要的节日就要算清明节了，有"清明大于年"的说法，在清明节前一天，人们要通过挑青、赶白虎、画灰弓和贴门神等仪式来驱除危害蚕宝宝的蚕祟。清明节前后，蚕家还要请艺人来家里"扫蚕花地"，以求扫除晦气和可能危害蚕的蚕祟，保佑蚕业丰收。而这个节日中最热闹的就算是"轧蚕花"了，所谓的轧蚕花，就是蚕农们为了祈求风调雨顺，蚕桑丰收而举行的一项十分古老的蚕事风俗活动，可以说是蚕乡的狂欢节。

至今，浙北地区的含山还很好的保留着这个风俗。含山位于湖州和桐乡的交界处，高不足百米，但是"山不在高，有仙则灵"，相传蚕花娘娘会在每年的清明节扮作村姑踏遍含山，在山上留下蚕花喜气，人们只要在清明期间上含山去踏踏青轧轧蚕花，就能将蚕花喜气带回去，同时也能得到蚕花"廿四分"（蚕语双倍好收成的意思）。因此，每到清明这一天，四面八方的蚕农都会背着放着自家头蚕蚕种纸的蚕种包，头插蚕花，争先恐后地拥上含山，去蚕神庙祭拜蚕花娘娘，为他们的蚕宝宝祈求消灾祛病，祝愿蚕花丰收。

祭祀蚕花娘娘的活动是在含山山顶蚕花娘娘的塑像前面举行的，仪典以庙界（即一庙所辖之地域、村坊）为单位，人们抬着当地土地、总管等地方神灵的塑像，簇拥上含山，绕山上宝塔一周，一路唱念经忏，并有锣鼓唢呐、丝弦管笛等伴奏，热闹非凡。而在含山塘的河面上还有以武术竞技为主的打拳船、拜香船、标杆船和以竞渡为主的踏白船、赛龙舟竞相云集献艺，场面煞是壮观。在"轧蚕花"时，讲究人越多今年的蚕花越兴旺，称之为"轧发轧发，越轧越发"，含山的轧蚕花庙会不仅是江南最大的蚕神祭祀节日，而且也堪称是中国最大的蚕神祭祀节日。

蚕乡的另一个重要节日是腊月十二蚕花娘娘的生日，旧俗每到这一天，湖州地区的乞丐会按蚕农的吩咐把蚕花缚在短竹上，挨家挨户地送，并在送的时候念唱一些祝词，而接蚕花的人家则会送给他一些钱或米。迎来的蚕花，蚕农一般都习惯把它插在育蚕的竹帘边，祈祝蚕花兴旺；非养蚕户，也喜欢将蚕花插在门橱上，寓意生活如花似锦，这种风俗习惯就叫做"送蚕花"。其实蚕花就是一种用彩纸或绸绢剪、扎成的花朵，相传当年西施去吴国时，路过杭嘉湖蚕乡，有十二位采桑姑娘来为她送行，西施便把各色绢花分送给这十二位姑娘并留下了"十二位姑娘十二朵花，十二分蚕花到农家"的美好祝愿，于是蚕花就成了桑农蚕娘们祈求桑满园、茧满仓、蚕宝宝饲养顺利的一种寄托和愿望，同时"蚕花十二分"也成为养蚕地区一句祝丰收的吉祥话。

这些蚕乡的风俗习惯，有的来源于对蚕、桑的原始信仰和崇拜，有的是为了祛除蚕桑病祟，有的反映了对蚕桑丰收的祈祷和丰收后的庆贺，有的则关系着蚕桑生产中的人际关系和社会活动，保留至今，成为一份宝贵的民间文化遗产。

第八章

丝绸之路

第八章

丝绸之路

　　美丽华贵的丝绸是从哪里来的？在很长的岁月里，这是一个只属于中国人的秘密。虽然早在公元前 6～5 世纪的时候，古代的游牧民族驼队已经穿过亚欧内陆的沙漠、戈壁和荒原，将华美的中国丝绸销售到西方，但是对西方人来说，产丝之国"赛里斯"仍然是一个神秘的国度。随着各条丝绸之路（图77）的相继开通，中西文化间的交往不断加深，西方人对中国丝绸的种种猜测才得到了解答。

一　神秘的"赛里斯"

　　在很久远的年代里，虽然希腊人很早就已开始使用丝绸，但由于相隔遥远、路途不便，外国人无法了解中国丝绸的原委，只能凭借仅

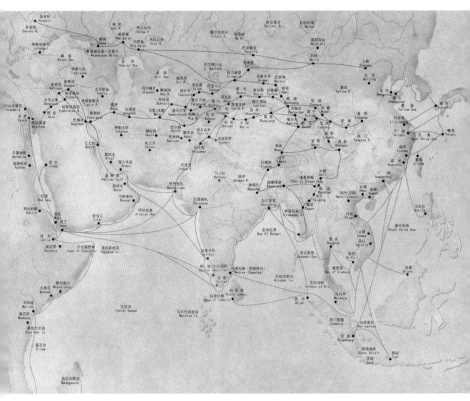

图77　丝绸之路地图

有的一点蚕丝知识展开奇异的想像。他们将吐丝的蚕称为"蚕儿"或
"赛儿"(Ser)，把中国称为"赛里斯"(Seres，即产丝之国)，而中国
人被称为"赛里斯人"。

　　在西方人的眼里，赛儿是一种神奇的生物，赛里斯则是一个神秘的
国家，而赛里斯人则"身体高大近二十英尺，过于常人，红发碧眼，声
音洪亮，寿命超过二百岁。"于是，他们扩充了中亚民族关于丝绸的离
奇神话，凭借他们的想像，对遥远的"赛里斯国"和丝绸的来源作出了

图78　赛里斯人的故事

各种各样十分荒诞的猜测，从而也产生了对蚕丝的各种误解。

西方人对于丝绸来源的第一个看法是树上生长的羊毛，即使到了1世纪，罗马人通过丝绸之路上的丝绸贸易已经穿上丝绸服装，人们还是认为这是一种赛里斯人从树上采集的非常纤细的羊毛类纤维所制。当时罗马的博物学家老普林尼在文章里生动地描述了他想像中的赛里斯人和他们的织物，他说赛里斯人以他们森林中出产的羊毛而名闻天下，他们向树木喷水而冲下树叶上的白色绒毛，然后再由他们的妻子来完成纺织工作，这样罗马的贵妇人才能穿着透明的衣衫出现在大庭广众之中（图78）。

大约在2世纪的时候，希腊一位名叫包撒尼雅斯的学者在《希腊志》中有更加离奇的推测，他说在赛里斯人的国家里生活着一种被希腊人叫作赛儿的小动物，它的体型比最大的金甲虫还要大两倍，和蜘蛛一样有八条腿。赛里斯人制造了冬夏咸宜的小笼来饲养这种动物，在前四年，黍是它们的饲料，到了第五年，赛里斯人开始喂它们最爱吃的绿芦苇，赛儿们贪婪地吃着，直到胀破了肚子，这时大部分的丝线就在尸体内部找到了。

可以说，长久以来，关于中国养蚕的传说一直是西方人讨论的话题，这种情况可能要到5～6世纪随着丝绸之路上各种活动的日趋繁忙，蚕种正式传入拜占庭后才有所改观。传说当时有个波斯僧人把中国的蚕种藏于自己的手杖中，从中国西部走私到东罗马的拜占庭帝国，此后欧洲开始有了自己的蚕丝业，这时他们才搞清楚"产丝者乃一种虫也，丝从口中天然吐出，不须人力，虫以桑叶养之。"慢慢的，到了6世纪之后，"赛里斯"这一称呼也就逐渐消失了。

二 张骞凿空

西晋太康二年（281），位于汲县（今河南省境内）的一座战国时期魏国墓葬被人盗掘，人们在墓中发现了一大批竹简，都是古代的典籍文书，统称为"汲冢竹书"，其中有一本叫《穆天子传》的文献，它以编年体记载了公元前10世纪西周时期周穆王西巡的传奇故事。根据古书记载，周穆王从中原出发，向西长途跋涉，经过新疆、葱岭，一直到达了现在中亚的吉尔吉斯斯坦，他将包括丝织品在内的很多礼品馈赠给了沿途国家的主人。如果按照记载，将周穆王当时走过的路线绘成线路图，差不多就是相隔800年后张骞出使西域所遵循的古道。

张骞是西汉武帝时候的汉中成固（今陕西城固）人，当时的大汉帝国从建国之初就一直饱受北方匈奴的滋扰和掠夺，汉武帝即位后便决心彻底消灭匈奴。当他得知，原来在敦煌附近（今甘肃西部）居住的大月氏受匈奴的强力攻击，被迫西迁而欲报仇雪恨时，就想联合他们共同夹击匈奴，于是张骞自告奋勇出使西域。

汉武帝建元二年（前139），张骞第一次访问西域诸国，历尽坎坷，直到元朔三年（前126）才趁匈奴内乱逃回长安，行程没有一定的路线可言，并且也没有随带丝绸制品。元狩四年（前119），张骞以中郎将的身份，偕同副使、将士等三百余人，携带"牛羊万头"、"金币帛数千巨万"第二次出使西域，这才真正地把大量丝绸带到了西方。当时，匈奴已被汉帝国击败，中途没有什么大的阻碍，张骞从长安出发，到达了乌孙，又派遣副使分赴大宛、康居、大月氏、大夏等国。

张骞的两次出使西域，基本上打通了中原地区与中亚、西亚及欧洲的交通，形成了一条横亘欧亚大陆的丝绸贸易通道，人们称颂他的行为是"凿空"。这条道路大致上来说东起长安，经河西走廊到敦煌，再由敦煌分南北两路到达安息（波斯，今伊朗）、大秦（罗马帝国，今地中海沿岸）等国，并在随后的魏晋隋唐时期达到全盛，千余年间，无数的商人驼队在这条路上来回穿梭，将中国生产的大量精美丝绸贩运到世界各地，同时也把中国先进的养蚕织绸技术传播了出去。（图79）

由于这条道上交易的大宗贸易产品都是丝绸，到了19世纪，德国地理学家李希霍芬给这条公元前后东西方文化交流最为频繁的交通

图79　敦煌壁画中的张骞出使西域图

要道取了个名字，叫做"丝绸之路"，而由于沿途由各绿洲逐站相连，这条路又被叫做"沙漠绿洲丝绸之路"。其实在这条丝绸之路开通前，古代的游牧民族就已经在北方辽阔的草原上开通了一条进行丝绸贸易的道路，称做"草原丝绸之路"，这条通道曾经有过辉煌的历史，它东起蒙古高原、翻越天堑阿尔泰山，再经准噶尔盆地到哈萨克丘陵，或直接由巴拉巴草原到黑海低地，横贯东西。沿途发现的大量考古资料也表明，早在公元前5世纪前后，中国丝绸就已通过草原丝绸之路传到欧洲。

三 海上丝路

除了西汉张骞开通的西域官方通道西北"绿洲丝绸之路"、长城以北充满着血腥和暴力的北方"草原丝绸之路",在中国广袤的海域上还有一条"海上丝绸之路",又因为转运的大宗商品除了丝绸外还有大量香料,因此又叫做"海上丝香之路"。

其实中国丝绸之路的海陆之分早在公元前已经形成,最初的海上丝绸之路通往朝鲜、日本,称为东海丝绸之路。据说这条丝路开始于西周王朝建立之初,当时中原的统治者周武王派遣箕子到朝鲜传授田蚕织作技术,于是箕子从山东半岛的渤海湾海港出发,走水路抵达朝鲜。这样,中国的养蚕、缫丝、织绸技术通过海路最先传到了朝鲜半岛。到了秦始皇兵吞六国时,齐、燕、赵等国人民为逃避苦役而携带蚕种泛海赴朝,更加速了丝织业在朝鲜半岛的传播。

另外一条海上航线通往东南亚各国,称为南海丝绸之路,它最早起源于西南丝路永昌(今云南保山)以南的一段路线,即沿伊洛瓦底江至仰光入孟加拉湾,西去至印度,再由印度商人渡印度洋,或登陆进入中亚,或继续沿海前行至大秦(古罗马帝国)。到了汉武帝的时候,朝廷的黄门译长曾经率领大批海员带着黄金、丝绸等商品,由徐闻(今广东境内)、合浦(今广西境内)等地出发,经都元国(今越南岘港)沿南亚一些国家的海岸线西行,抵达黄支国(今印度境内)、已不程国(今斯里兰卡境内),再由外国商船远销至西方各国。这件事被记载在《汉书·地理志》中，这也是目前所知我国最早的一次丝绸海洋贸易记录。

随着造船技术的不断提高，中国船舶的体积和抗风浪能力逐渐具备了远航的条件，而东南亚诸国也纷纷与中原王朝建立起外交关系，罗马与中国更是实现了直接通航，南海丝路得到了迅速发展。特别是唐代时由于"安史之乱"及吐蕃占领河西等军事战争的破坏，沙漠绿洲丝绸之路的丝绸贸易规模逐渐缩小，使海上丝绸之路进入了空前的发展期，并在宋代以后成为中外贸易的主要通道。据《诸蕃志》记载，宋朝政府在泉州、广州、明州（今宁波）、杭州、温州、秀州（今嘉兴）、江阴、密州（今山东诸城）和澉浦等九处设立市舶司管理进出口贸易，政府征收商税，并鼓励中国商人出海贸易。当时与中国发生贸易关系的国家有50多个，包括南亚、东南亚、东非和远东各国，中国在出海贸易的物资中仍以丝绸为大宗。

南海丝绸之路在元明两代达到了极盛，当时高度发展的蚕丝生产和丝织技术，直接为海外贸易的繁荣提供了雄厚的物质资源。特别是明代永乐年间，永乐皇帝朱棣派遣郑和七次下西洋（1405～1433），郑和选取的出航地点有20多处，重要航线有42条，访问过的亚非国家有30余个，航程共计10万余里，经过东南亚、印度洋、阿拉伯半岛等地，最远到达非洲东部。郑和每次航行都携带有大量的丝织品作为有偿或无偿的礼物，其种类有湖丝、䌷绢、缎疋、丝绵、纱锦等约四五十种。这种由国家组成的大规模远洋航队为主要形式的海外贸易的兴起，促进了苏州、杭州、漳州、潮州等沿海地区丝绸业的发展，大量精美的中国丝绸通过海上丝绸之路传向世界各个角落。

四　传丝公主的故事

从很早以前开始，中国的中原地区就不断地向西北各族输出丝织品，和远在地中海的罗马人一样，西域人开始也对蚕的来源产生过各种各样的误解。后来他们知道要想得到贵如黄金的丝绸，只要会栽桑、养蚕就可以了，但是中原一直有一个不成文的规定，那就是谁泄露了养蚕的秘密，谁就得被判极刑，并且在关防上进行严密的搜查。

瞿萨旦那国（即唐代的于阗国，今新疆和田附近）年轻的国王为了求得蚕种与桑籽，想出了一个妙计。他派了使节来到中原求婚，中原皇帝答应了，国王挑选了几名能干的使者和迎亲侍女，嘱咐他们密求公主带些蚕种和桑籽过去。于是使者偷偷对公主说，瞿萨旦那国十分富有，公主出嫁后一切可依照中原的生活方式生活，但是国内没有丝绸生产，恐怕公主没有华丽的丝绸衣服可穿，恳请公主设法带出蚕种和桑籽，达成瞿萨旦那国国王的心愿。于是聪明的公主在离开故土之前，偷偷地将蚕种和桑籽藏在了凤冠里。

迎亲的日子到了，公主出嫁的队伍浩浩荡荡地来到了边关，边防军士奉旨行事，他们遍搜行囊，却不敢检查公主头戴的那顶凤冠。就

图80 传丝公主画版（新疆和田丹丹乌里克出土）

这样，中国的蚕种和桑籽被安全地运到了瞿萨旦那国，从此，整个西域地区的蚕丝业迅速发展起来。

唐代高僧玄奘在徒步去印度求佛取经的路途中，曾经路过瞿萨旦那国的故地麻射，他听了这个故事后，便将其写入了《大唐西域记》中，并补充说：现在麻射那座蚕神庙里的几株古桑树，相传就是东国王女带去的种子栽的。有趣的是，上世纪英国探险家斯坦因还在新疆和田一带的丹丹乌里克遗址中发现了一块"传丝公主"画版，在这块画版上绘有一位头戴王冠的公主，旁边有一侍女手指公主的帽子，似乎在暗示帽中藏着蚕种的秘密。可能是这位中国公主对当地人民有功，人们为了纪念她，就把她画在了木版上作永久纪念（图80）。

这个美丽的传说，其实是对中国的丝绸技术通过丝绸之路向外传播的一种阐述。从出土的实物来看，魏晋南北朝时期是我国的养蚕技术及织造技术传播的重要阶段，中国的丝绸技术首先通过丝绸之路向西传到新疆及中亚一带，当时新疆地区已有养蚕和丝织生产（图81），

图81 北朝 红地狩猎纹锦（新疆吐鲁番阿斯塔那出土）

到了唐代，中亚地区也有了丝绸生产，特别是由粟特人生产的粟特织锦极为著名。另外据考证，缫丝车、纺车、脚踏织机、提花机等中国的纺织工具及其生产技术传入欧洲的最主要时期是在宋元之间，欧洲人吸取了这些技术的优点，使他们本身的纺织技术有了很大的提高，从而导致了许多机械的革新。而这种丝绸技术传播和纺织文化交流并不是单方面的，西方的纺织技术和题材也影响着中国，大概在北朝的时候，西亚的山羊、波斯的狮子、南亚的大象等大量来自西方的动物纹样，开始出现在中国的丝织品上，此外还有一些西方的神祇。

其实，丝绸之路并不只是一条繁荣的丝绸贸易之路，它犹如一条彩带，将古代中国和世界上其他国家的古文明联结在了一起。正是这些丝绸之路，将中国的四大发明、养蚕丝织技术以及绚丽多彩的丝绸产品、茶叶、瓷器等传送到了世界各国，这些对世界各国社会经济发展的影响是不可估量的。同时，中外各国的商人们也通过丝绸之路，将中亚的骏马、葡萄，印度的佛教、音乐、熬糖法、医药，西亚的乐器、金银器、天文学、数学、棉花、烟草、蕃薯等输入中国，使得古老的中华文明得以不断发展。

结语

　　丝绸曾是人类重要的物质生活资料，也是美化自身和生存空间的精神创造。中国是世界丝绸的发源地，几千年来，中国丝绸不仅以它精巧的织造技术、绚丽的图案色彩、滑爽柔软的质感和浓郁的文化艺术特点，在很长一段时间里领先于世界，而且还通过"丝绸之路"传往各地，成为我国与世界各国经济、政治和文化广泛交流的桥梁，在世界历史上产生了深远的影响。

参考文献

姚穆：《纺织材料学》，中国纺织出版社，1996年。

赵丰：《中国丝绸通史》，苏州大学出版社，2005年。

赵丰：《唐代丝绸与丝绸之路》，三秦出版社，1992年。

赵丰：《汉代踏板织机的复原研究》，《文物》，1996年5期。

李济：《西阴村史前的遗存》，清华研究院丛书，1927年。

荆州地区博物馆：《江陵马山一号楚墓》，文物出版社，1985年。

湖南省博物馆：《长沙马王堆一号汉墓》，文物出版社，1972年。

高汉玉等：《长沙马王堆一号汉墓出土纺织品的研究》，文物出版社，1980年。

辽宁省博物馆：《宋元明清缂丝》，人民美术出版社，1982年。

中国社科院考古所等：《定陵》，文物出版社，1990年。

新疆博物馆：《丝绸之路汉唐织物》，文物出版社，1972年。

陈维稷：《中国纺织科学技术史（古代部分）》，科学出版社，1984年。

潘行荣：《元集宁路故城出土的窖藏丝织品及其他》，《文物》，1979年8期。

张松林、高汉玉：《荥阳青台遗址出土丝麻织品的观察与研究》，《中原文物》，
   1999年3期。

新疆文物考古研究所：《新疆民丰县尼雅遗址95MN1号墓地M8发掘简报》，
   《文物》，2000年1期。

郑巨欣：《中国古代雕版印花艺术的研究》，浙江美术学院硕士论文，1990年。

敦煌文物研究所：《新发现的北魏刺绣》，《文物》，1972年2期。